A. Krauss

Das Roh-Eisen

Trapeza

A. Krauss

Das Roh-Eisen

1. Auflage 2012 | ISBN: 978-3-86454-837-6
Erscheinungsort: Paderborn, Deutschland

Trapeza Consulting GmbH, Paderborn. Alle Rechte beim Verlag.

Nachdruck des Originals von 1905.

A. Krauss

Das Roh-Eisen

Trapeza

Sammlung Göschen

Eisen-Hütten-Kunde

Erster Teil
Das Roh-Eisen

von

A. Krauss

Diplom. Hütteningenieur

Mit 17 Figuren und 4 Tafeln.

Neudruck

Leipzig
G. J. Göschen'sche Verlagshandlung
1905

Alle Rechte, insbesondere das Übersetzungsrecht,
von der Verlagshandlung vorbehalten

Spamersche Buchdruckerei, Leipzig

Inhaltsverzeichnis.

	Seite
Das Roheisen	5
Die Einwirkung der Fremdkörper auf das Roheisen	16
Erze	18
Kohlen	28
Der Hochofen und seine Hilfsapparate	40
Der Bau der Winderhitzer	52
Darstellung der Roheisengattungen	66
Die Verwendung der Nebenprodukte	72
Der Kupolofen	74
Der Mischer	78
Roheisenerzeugung	80
Register	84

Literatur.

Th. Beckert: Leitfaden zur Eisenhüttenkunde.
A. Ledebur: Handbuch der Eisenhüttenkunde.
Leitfaden für Eisenhütten-Laboratorien.
H. Wedding: Ausführliches Handbuch der Eisenhüttenkunde.
Grundriß der Eisenhüttenkunde.
Zeitschrift für das deutsche Eisenhüttenwesen: „Stahl und Eisen".

Das Roheisen.

In unserem deutschen Vaterlande regen sich im Verein mit der Wissenschaft zweimalhunderttausend Hände, um aus den Erzen Eisen zu gewinnen; sollte es da für uns nicht von großem Interesse sein, ihr Wirken und Schaffen uns näher zu betrachten und zu verfolgen, wie und mit welchen Mitteln sie dieses Ziel erreichen.

Die Griechen und Römer bedurften des Eisens zu ihren Waffen. Heute begehrt es jeder Stand; keiner will es vermissen. Was ist aber das Eisen, welches unsere Gewerbe verwenden? Es ist kein chemisch reines Eisen von Chemikern mit Fe bezeichnet, sondern ein Produkt aus vielen Elementen. Wir haben also ein rohes Erzeugnis vor uns.

Welche Elemente treten nun am häufigsten in dem rohen Eisen auf? Vor allen andern nennen wir den Kohlenstoff (C). Er ist ein steter Begleiter des Eisens. Neben ihm zeigen sich noch Silicium (Si), Phosphor (P), Schwefel (S), Mangan (Mn) und andere. Alle diese Elemente sind in wechselnder Menge, teils mit dem Eisen vermischt, teils an das Eisen gebunden. Durch die Vereinigung der Elemente mit dem Eisen zu einem Körper entsteht eine Legierung. Die Zahl der Legierungen ist eine große und doch bringen wir sie in zwei Hauptklassen unter. Der Kohlenstoff kommt uns als ein treuer Bundesgenosse zu Hilfe. Er verleiht dem Eisen wie kein anderes Element seine mannigfaltigen Eigenschaften. Seinem tiefeingreifenden Einfluß müssen wir es zuschreiben, wenn das eine Eisenstück spröde nnd hart, das andere weich und zähe ist.

Die Eisenhüttenleute der ganzen Welt nehmen daher sein Vorkommen im Eisen als maßgebend für folgende Einteilung des Eisens an.

I. Das Roheisen.   **II. Das schmiedbare Eisen.**

Im Roheisen sind die Beimengungen in weit reichlicherem Maße vorhanden als im schmiedbaren Eisen. Die beiden Eisengattungen zeigen ein so verschiedenes Verhalten, daß wir ihre Haupteigenschaften kurz in einer Tabelle zusammenstellen wollen.

Das Roheisen ist nicht schmiedbar. Es schmilzt bei 1100° bis 1200° Celsius, ohne vorher zu erweichen. Der Kohlenstoffgehalt beträgt 2,3 % und darüber. Die anderen Beimengungen wie Si, Mn, P, S erhöhen den prozentualen Gehalt auf mindestens 2,6 %, welcher aber häufig auf 5 bis 9 % steigt.	Das schmiedbare Eisen ist vielfach auch dehnbar. Es erweicht vor dem Schmelzen. Der Schmelzpunkt ist bei 1400° $\div$ 1500° Celsius. 2,3 % ist der Höchstgehalt an Kohlenstoff, jedoch erreicht er meistens nicht 1 %.

Bei den vielen Fremdkörpern, welche dem Eisen beigemengt sind, läßt es sich erklären, daß wir es nicht bloß mit einer Art in jeder Gruppe zu tun, sondern noch mehrere Unterabteilungen einzuschalten haben. Den Aufbau wollen wir uns folgendermaßen klar machen.

Das Roheisen.

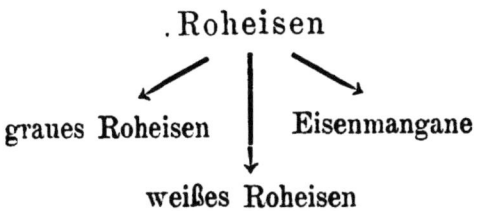

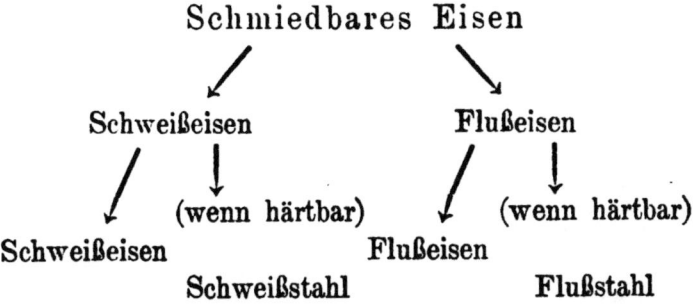

Als Nebenarten sind zu bezeichnen: der schmiedbare Guß, Temperstahl und Cementstahl.

Das Roheisen zerfällt in drei, das schmiedbare Eisen in zwei Gruppen. Die Eigenschaften, die Erzeugung und Verwendung des Roheisens fassen wir in diesem Werkchen näher ins Auge.

Graues Roheisen, so lautet die Bezeichnung für die Photographie Fig. 1. Auf frischem Bruche hat das graue Roheisen eine graue mattglänzende Farbe. Der Bruch bietet uns keine ruhige, glatte Oberfläche, sondern er ist rauh und porrig, aus kleinen Körnern zusammengesetzt, auf denen der Kohlenstoff in feinen Blättchen als Graphit ausgeschieden ist. Mit dem Messer können wir die grauen Graphitblättchen von der Bruchfläche entfernen. Die Ursache zu dieser Graphitbildung ist das Silicium. Der Kohlenstoff ist im flüssigen Roheisen als Härtungskohle vorhanden, sie bildet mit dem Eisen eine Legierung. Bei langsamem Erkalten, wie in getrockneten Sandformen, scheidet sich der **graphitische** Kohlenstoff aus der Legierung aus.

Graues Roheisen.
Fig. 1.

Kühlen wir das graue Roheisen ab durch Gießen in eiserne Formen (Hartguß), so können wir keine oder nur geringe Graphitbildung feststellen. Die Graphitausscheidung vollzieht sich ungefähr bei 1100°, sie ist zugleich noch

Das Roheisen.

von dem Vorhandensein des Kohlenstoffs abhängig. Ist nur ein geringer Kohlenstoff- und Siliciumgehalt in dem Roheisen nachzuweisen, so tritt der Graphit sehr unbedeutend auf, daß er nicht einmal die ganze Bruchfläche überdeckt; es erscheinen dann auf weißem Grunde nur kleine Graphitblättchen. Diese Abart des grauen Roheisens wird „halbiertes Roheisen" bezeichnet und ist ein Zwischenprodukt des grauen und weißen Roheisens. Das graue Roheisen ist sehr dünnflüssig. Es schmilzt bei ungefähr 1200° Celsius; das spezifische Gewicht ist $7 \div 7,2$; auch ist es weich und läßt sich mit Stahlwerkzeugen bohren und drehen. Ein Schlag genügt, es in Stücke zu zersprengen.

Die Druckfestigkeit für graues Roheisen beträgt bei unbearbeiteten Gußstücken 75 kg auf 1 qmm, die Zugfestigkeit 12 kg und die Biegungsfestigkeit 25 kg. Die Gußhaut, d. h. die äußere schneller abgekühlte Schicht ist härter, vermindert aber die durchschnittliche Festigkeit bis zu 10%. Der Grund hierzu ist in inneren Spannungen zu suchen. Bei der Prüfung der Gußstücke auf Druck, Zug oder Biegung muß man sich von der Anwesenheit solcher Kruste überzeugen.

Es folgen hier einige Analysen von grauem Roheisen, doch ist dabei der Eisengehalt nicht angegeben. Man erhält den prozentualen Eisengehalt in den Proben durch Abziehen der Summe der Beimengungen von 100.

In nachstehender Tabelle finden wir graue Roheisensorten, welche bis auf die erste alle mit Koks erblasen wurden. Die fremden Beimengungen, wie Phosphor (P) und Schwefel (S) sind im Holzkohlenroheisen geringer als in den anderen Eisensorten. Das graue Holzkohlenroheisen wird zu Gießereizwecken verwendet.

	C	Si	Mn	P	S
Graues Holzkohlenroheisen	3,6	1,5	0,3	0,22	0,01
Gießerei-Roheisen: Rhein.-Westfäl. I.	3,87	3,34	0,78	0,53	0,019
Gießerei-Roheisen: von der Lahn I.	3,97	2,75	0,72	0,55	0,02
Gießerei-Roheisen: Lothringer, lichtgrau IV	3,76	1,87	0,51	1,85	—
Hämatiteisen: Rhein.-Westf.	3,93	2,98	1,19	0,08	0,18
Bessemerroheisen	3,76	2,52	3,9	0,07	0,02
Siliciumreiches Roheisen	2,46	5,32	2,5	0,48	0,01
Siliciumeisen (Hochfeld)	1,2 ÷ 1,7	10 ÷ 12	0,66 ÷ 2,9	0,01 ÷ 0,08	0,02

Gießereiroheisen mit Koks erblasen hat gewöhnlich einen höheren Silicium-, Phosphor- und Schwefelgehalt als Holzkohlenroheisen. Es wird sehr vielfach in Kupolöfen umgeschmolzen und läuft dann unter dem Namen „Gußeisen". Der Mangangehalt des Gießereiroheisens steht in einem bestimmten Verhältnis zum Siliciumgehalt. Das erwähnte Bessemerroheisen hat einen höheren Mangangehalt und einen geringeren Phosphorgehalt als Gießereiroheisen. Näheres erfahren wir später beim schmiedbaren Eisen. Das Siliciumeisen wird in der Gießerei zur Anreicherung des Siliciumgehalts im siliciumarmen Roheisen gebraucht. Im allgemeinen schwankt bei diesen Roheisengattungen der Prozentgehalt an Beimengungen.

$(2{,}5 \div 4)\,\%$ Kohlenstoff, $\qquad (0{,}07 \div 1{,}8)\,\%$ Phosphor,
$(1{,}5 \div 5{,}3)\,\%$ Silicium, $\qquad (0{,}01 \div 0{,}18)\,\%$ Schwefel.
$(0{,}5 \div 4)\,\%$ Mangan,

Weißes Roheisen (Weißeisen, strahliges Roheisen, Weißstrahl) erblicken wir in Fig. 2. Wir sehen keine graphitische Kohlenstoffausscheidung. Weiße Flächen, welche strahlenartige Bildungen zeigen, bieten sich unserem Auge dar. Die Kanten auf dem Bruche stehen senkrecht zur Abkühlungsfläche. Das Weißeisen bildet eine gleichmäßig dichte Masse; die Festigkeit ist aber geringer und die Sprödigkeit stärker als beim grauen Roheisen. Sein Schmelzpunkt ist bei $1050^0 \div 1150^0$ und sein spezifisches Gewicht bei 7,6 zu suchen. Der Kohlenstoff zeigt sich hier als Härtungskohle.

Einige Analysen sollen uns Aufschluß geben über die Zusammensetzung des weißen Roheisens.

12 Das Roheisen.

Weißeisen (Weißstahl).
Fig. 2.

	C	Si	Mn	P	S
Weißes Holzkohlenroheisen	3,30	0,19	0,54	0,27	0,02
Thomaseisen. Rhein.-Westf.	3,55	0,45	1,73	2,4	0.05
Thomaseisen. Luxemburger O. M.	3,5	1,1	0,6	1,4	0,12
Oberschlesisches Weißeisen	2,5	0,29	0,79	2,36	0,12
Puddeleisen (Siegenerstrahl)	3,9	0,15	3,8	0,15	0,05

Der Kohlenstoffgehalt beträgt ungefähr 3,5 % und der Mangangehalt 2 %. Bei diesen Roheisensorten ist durchweg ein hoher Phosphor- und Mangangehalt zu verzeichnen. Sie bilden das Ausgangsmaterial für die Darstellung des schmiedbaren Eisens. Die Namen und Bezeichnungen erklären sich aus der Verwendung der betreffenden Roheisenarten zu einem bestimmten Prozesse, wie sie zur Erzeugung des schmiedbaren Eisens eingeführt wurden.

Steigt nun der Mangangehalt im Eisen höher, so nimmt gleichzeitig der Kohlenstoffgehalt des betreffenden Roheisens zu. Auf dem Bruche zeigt ein solch manganreiches Roheisen eigenartige Spiegelbildungen. Der Hüttenmann leitet davon die Benennung „Spiegeleisen" ab. In Fig. 3 können wir diese Spiegel näher betrachten, sie stehen senkrecht zu den Abkühlungs-

14   Das Roheisen.

flächen und kreuzen sich unter verschiedenen Winkeln, der Schmelzpunkt liegt bei 1100°. Das Spiegeleisen

Fig. 3. Spiegeleisen.

hat auf frischem Bruche weiße Farbe, schillert jedoch häufig in allen Regenbogenfarben. Nachstehend zwei Analysen:

	C	Si	Mn	P	S
Spiegeleisen (Siegener)	4,5	0,1	11	0,07	0,04
„ Rhein.-Westf.	5,3	0,3	11,3	0,16	0,01

Der Kohlenstoffgehalt ist $(4 \div 5,2)\%$, der Mangangehalt $(5 \div 25)\%$, sehr oft $(10 \div 12)\%$. Der Bessemer-, Thomas- und Siemens-Martin-Prozeß verarbeiten dasselbe und geht die Nachfrage nach gutem phosphor- und schwefelarmen Spiegeleisen hauptsächlich von diesen Betrieben aus.

Eisenmangane (Ferromangane) sind Legierungen von Mangan, Eisen und Kohlenstoff. Die Farbe auf dem Bruche ist weißgelb, doch auch hier treten Regenbogenfarben (Anlauffarben) auf. Bei hochprozentigen Manganeisensorten verschwinden die Spiegel und zeigt sich ein dichter Bruch. Der Mangangehalt schwankt von $(30 \div 85)\%$. Mit der Zunahme an Mangan steigt der Kohlenstoffgehalt bis auf $7,5\%$. Der Schmelzpunkt der Eisenmangane wurde bei 1150^0 konstatiert. Das schmiedbare Eisen bedarf der Eisenmangane und einer Legierung, welche gleichfalls in diese Gruppe gehört.

Das Siliciumeisenmangan (Siliciumspiegel) hat einen Siliciumgehalt bis zu 12%. Der Kohlenstoffgehalt sinkt im Roheisen mit zunehmendem Silicium. In Kürze wollen wir noch die Ergebnisse einiger Analysen verfolgen.

	C	Si	Mn	P	S
Eisenmangane (Duisburg-Hochfeld)	6,35	0,2 ÷ 2	60 ÷ 65	0,15 ÷ 0,25	0,005
Eisenmangane (Phoenix)	6,94	0,02	76,9	0,24	0,02
Eisenmangane (England)	7,5	1,5	82,5	0,2	—
Siliciumspiegel	1,39	12,25	19,3	0,05	—

Das Eisen tritt bei den Eisenmanganlegierungen gegenüber dem Mangan in den Hintergrund. Der Kohlenstoff hat mit 7,5 % seinen höchsten Grad erreicht. Durch das Eisenmangan ist der Hüttenmann imstande, dem schmiedbaren Eisen einen gewissen Mangangehalt zu geben, ohne den Kohlenstoffgehalt desselben wesentlich zu vermehren.

Die Einwirkung der Fremdkörper auf das Roheisen.

Die Veränderung der Eigenschaften unter dem Einfluß von Kohlenstoff, Silicium, Mangan, Phosphor und Schwefel ist eine so bedeutende, daß wir sie näher betrachten wollen.

Kohlenstoff. Bei der Besprechung des grauen Roheisens haben wir zwei Arten erwähnt, in denen der Kohlenstoff auftritt. Wir haben gehört, daß er im flüssigen Roheisen als Härtungskohle vorhanden ist und dann beim Erkalten durch das Silicium zum Teil als Graphit ausgeschieden wird.

Die Einwirkung der Fremdkörper auf das Roheisen. 17

Die Karbidkohle verbindet sich nach der Graphitbildung im Roheisen bei 700° mit Eisen zu Eisenkarbid (Fe_3C), welches in kleinen Kristallen im Eisen auftritt. Die Härtungs- und Karbidkohle sind beide als an das Eisen gebundene Kohlen aufzufassen. Beide werden von Säuren wie Salzsäure (HCl) oder Schwefelsäure (H_2SO_4) angegriffen und in flüchtige Kohlenwasserstoffe übergeführt. Beim Lösen vom Roheisen ist daher ein leicht wahrnehmbarer Geruch nach Kohlenwasserstoffen zu bemerken. Die Härtungskohle erfährt schon durch kalte Salz- oder Schwefelsäure, die Karbidkohle dagegen nur durch die heißen Säuren eine Zersetzung. Der Graphit wird von Säuren nicht angegriffen; in ähnlicher Weise verhält sich die vierte Kohlenstoffart: die Temperkohle. Sie entsteht durch anhaltendes Glühen eines an Härtungskohle reichen Eisens und zeigt amorphe Form.

Wie viel Kohlenstoff vermag überhaupt das Eisen aufzunehmen? Das reine Eisen weist einen Höchstgehalt von 4,6 % auf. Das Vorhandensein von Mangan befördert die Fähigkeit der Kohlenstoffaufnahme, wie wir aus den Analysen der Eisenmangane ersehen.

Das Silicium legiert sich sehr leicht und gerne mit dem Eisen und veranlaßt die Graphitausscheidung. Die Kieselsäure (SiO_2) wird nur bei Gegenwart von Eisen durch weißglühenden Kohlenstoff zu Silicium reduziert. Unter starker Wärmeentwickelung oxydiert sich Silicium und zwar schneller als das Eisen, auch entzieht es flüssigem Eisen den eingeschlossenen Sauerstoff.

Mangan hat ebenfalls eine große Neigung zum Sauerstoff und geht mit ihm in Manganoxydul (MnO) über. Wie zum Sauerstoff, so verhält sich das Mangan zum Schwefel. Es verbindet sich bei einem bestimmten Prozentgehalt (an Mangan) im Roheisen mit dem Schwefel zu Schwefelmangan (MnS), das eine grünliche Schlacke bildet. Diese Eigenschaft des Mangans wird von den Hüttenleuten hochgeschätzt und vielfach benützt.

Der Phosphor. Die Erze und Zuschläge enthalten häufig Phosphor in Form von phosphorsaurem Kalk ($Ca_3[PO_4]_2$). Der ganze Phosphor geht in das Roheisen über und macht das schmiedbare Eisen kaltbrüchig. Lange Zeit war der Phosphorgehalt der Erze ein gefürchteter Feind des Hüttenmanns, denn das Roheisen mit viel Phosphor war zu den meisten seiner Prozesse unbrauchbar. Heute sucht er mit allen Mitteln den Phosphorgehalt in manchen Roheisensorten zu steigern, weil er für ihn ein wertvoller Bestandteil desselben geworden ist.

Der Schwefelgehalt der Erze wird gleichfalls sehr leicht von dem Eisen aufgenommen. Durch passende Zuschläge kann man beim Hochofenbetrieb einen Teil des Schwefels in die Schlacke überführen. Der Schwefel ruft im schmiedbaren Eisen Rotbruch hervor.

Erze.

Bisher wurde nur wenig gediegenes Eisen gefunden, mit Ausnahme einiger Meteoren, welche aus Eisen und Nickel bestehen, jedoch ist ihr Vorkommen für die technische Ausbeutung zu unbedeutend. Alle Mineralien, welche für die Eisengewinnung in Betracht kommen, sind Verbindungen des Elementes Eisen mit dem Sauerstoff zu Eisenoxyden oder mit dem Sauerstoff und Wasserstoff zu Eisenhydroxyden oder gar mit dem

Sauerstoff und der Kohlensäure (CO_2) zu Eisenkarbonaten, und werden Erze genannt. Die Eisenerze sind nach ihrer Reduzierbarkeit aufgezählt.

Am leichtesten läßt sich der Spateisenstein ($FeCO_3$) reduzieren. Die chemische Zusammensetzung des Spateisensteins ist:

(30 ÷ 40) % Eisen
(2 ÷ 9) % Mangan
(0,5 ÷ 8) % Kalkerde (CaO)
(0,5 ÷ 4) % Magnesia (MgO)
(0,5 ÷ 2) % Aluminiumoxyd (Tonerde) (Al_2O_3)
(0,5 ÷ 7) % Kieselsäure (SiO_2)
(27 ÷ 29) % Kohlensäure
(0,01 ÷ 0,02) % Phosphor.

Dieses Erz hat eine gelblichweiße Farbe, kristallisiert rhomboëdrisch und kommt im Siegerland (Siegen) und in Steiermark vor. Es zeichnet sich durch seinen Mangan- und geringen Phosphorgehalt, sowie sein schönes Vorkommen aus. Der Spateisenstein wird zu manganhaltigen, phosphorarmen Eisensorten verhüttet, wie Bessemerroheisen, Spiegeleisen und Eisenmanganen.

Einige Abarten des Spateisensteins sind ebenfalls zu erwähnen. Der Sphärosiderit (ein tonhaltiger Spateisenstein) hat folgenden Aufbau:

(25 ÷ 40) % Eisen
(0,5 ÷ 7) % Mangan
(0,5 ÷ 9) % Kalkerde
(1 ÷ 4) % Magnesia
(1,5 ÷ 8) % Tonerde
(8 ÷ 20) % Kieselsäure
(25 ÷ 30) % Kohlensäure
(0,01 ÷ 0,5) % Phosphor
(0,4 ÷ 0,08) % Schwefel.

Ist der Spateisenstein mit Ton und Kohle vermengt, so wird er **Kohleneisenstein** (Blackband) bezeichnet. Er enthält $(10 \div 20)\%$ Kohle und kommt in Kohlengegenden wie Zwickau, Westfalen und England vor.

Der Spateisenstein und seine Abarten können nicht sofort dem Hochofenprozeß unterworfen werden, sondern sie bedürfen des Röstens. Der Spateisenstein ist chemisch ausgedrückt eine Verbindung von Eisenoxydul (FeO) und Kohlensäure (CO_2). Durch das Rösten wird die Kohlensäure vertrieben. Da das Eisenoxydul nur schwer reduziert und verschmolzen werden kann, so führt man durch das Erhitzen bei Luftzutritt das Eisenoxydul in Eisenoxyduloxyd (Fe_3O_4) über, das eine leichtere Reduktion ermöglicht. In dem Spateisenstein ist auch manchmal Schwefelkies (FeS_2) eingeschlossen, welcher beim Rösten in Eisenoxyd (Fe_2O_3) und flüchtiges Schwefeldioxyd (SO_2) zerlegt wird. Mit dem Rösten wird zugleich eine Abnahme des Erzgewichts um 30% erreicht. Die Gewichtsverminderung bedeutet eine wesentliche Ersparnis beim Versand.

Brauneisenerze: (Eisenoxydhydrat [$2\,Fe_2O_3 \cdot 3\,H_2O$). Brauneisenstein ist ein gelbbraunes, weitverbreitetes Erz. Die mulmigen Brauneisensteine spielen für die oberschlesische Eisenindustrie eine hochwichtige Rolle:

$(35 \div 55)\%$ Eisen	$(0,5 \div 10)\%$ Kalkerde	$(0,02 \div 0,57)\%$ Phosphor
$(1 \div 5)\%$ Mangan	$(1 \div 10)\%$ Tonerde	$0,04\%$ Schwefel
$(2 \div 3,2)\%$ Zink	$(3 \div 30)\%$ Kieselsäure	10% Wasser.
$0,07\%$ Blei		

Sein Gehalt an Zink und Blei sind die Ursache, weshalb davon nur $(25 \div 30)\%$ dem Erzsatz beigemischt werden. In Thüringen, im Harz, in Oberschlesien (Beuthen) und England ist ihr Vorkommen festgestellt.

Abarten sind:

Die Bohnerze. Sie haben kugelige Gestalt, braune Farbe und werden im Harz, in Württemberg und in der Pfalz verhüttet.

Die Minette. In mächtigen Lagern bis zu 50 m Höhe wird die Minette in Lothringen und Luxemburg vorgefunden. Die Minettelager ziehen sich längs der Grenze von Deutschland und Frankreich hin und sind von großem Werte für die deutsche sowohl als auch für die französische Eisenindustrie. Bei der gegenwärtig starken Ausbeute sollen die Lager nach der Berechnung noch 130 Jahre den Bedarf der beiden Länder decken. Die Minette ist von grauer, brauner und rötlicher Farbe; sie setzt sich zusammen aus:

$(21 \div 46)\%$ Eisen
$(0,5 \div 5)\%$ Mangan
$(2 \div 20)\%$ Kalkerde
$(0,5 \div 1,5)\%$ Magnesia
$(2 \div 6)\%$ Tonerde
$(2 \div 18)\%$ Kieselsäure
$(0,5 \div 1,5)\%$ Phosphor
$0,2\%$ Schwefel.
$2 \div 4\%$ Kohlensäure.

Wegen ihres reichen Phosphorgehalts ist die Minette für die Eisenindustrie zur Herstellung phosphorreichen Roheisens (Thomaseisen) unentbehrlich geworden. Zugleich hat die Minette einen beträchtlichen Kalkgehalt, welcher einen Teil des Zuschlags erspart. Wie die Minette so ist das Raseneerz vom Hüttenmann geschätzt, denn beide lassen sich sehr leicht verarbeiten.

Rasenerz findet sich in der norddeutschen Tiefebene direkt unter der Erdoberfläche und wird in spärlicher Menge auch in Brandenburg und Posen gegraben. Aus Holland führt man es der deutschen Eisenindustrie zu. Analysiert erhalten wir:

$(36 \div 55)\%$ Eisen
$(0,5 \div 2)\%$ Mangan
$(1 \div 2)\%$ Kalkerde
$(1 \div 3)\%$ Tonerde
$(4 \div 26)\%$ Kieselsäure
$(0,07 \div 1,2)\%$ Phosphor
$(10 \div 20)\%$ Wasser.

Roteisenstein: In die Gruppe des Roteisensteins gehören der Eisenglanz, der rote Glaskopf und die gewöhnlichen Roteisenerze, sie zeichnen sich durch ihre rote bezw. schwarze Farbe aus. Dem Hüttenmann sind sie willkommen, da sie einen hohen Eisen- und geringen Phosphor- und Schwefelgehalt aufweisen. Der Roteisenstein ist, mit dem Chemiker gesprochen, Eisenoxyd (Fe_2O_3).

Die Zusammensetzung der Erze:

$(62 \div 68)\%$ Eisen
$(0,2 \div 2)\%$ Mangan
$(1 \div 8)\%$ Kalkerde
$(0,5 \div 6)\%$ Magnesia
$(1 \div 9)\%$ Tonerde
$(1,5 \div 23)\%$ Kieselsäure
$(0,05 \div 0,2)\%$ Phosphor
$(0,02 \div 0,05)\%$ Schwefel.

In Deutschland kommt der Roteisenstein an der Sieg, der Lahn und Dill vor. Im Sauerland, Harz und Erzgebirge ist er noch in vielen kleinen Lagern anzutreffen. Ein überaus guter und reiner Roteisenstein tritt in Nordspanien bei Bilbao auf. Von dort her bezog die deutsche Industrie im Jahre 1900 über Rotterdam auf dem Wasserwege 1,8 Mill. Tonnen Erz. Nordamerika besitzt am oberen See reichhaltige Roteisensteinlager.

Magneteisenstein: (Eisenoxyduloxyd, Fe_3O_4). Apatit durchsetzt den Magneteisenstein. Seine Farbe ist schwarzgrün, oft bunt schillernd.

Die Analyse ergibt bei der Untersuchung:

$(45 \div 66)\%$ Eisen
$(0,2 \div 5)\%$ Mangan
$(0,5 \div 5)\%$ Kalkerde
$(0,5 \div 7)\%$ Magnesia
$(0,2 \div 2)\%$ Tonerde
$(2 \div 32)\%$ Kieselsäure
$(0,1 \div 0,5)\%$ Phosphor
$(2 \div 15)\%$ Wasser.

In geringer Menge finden wir ihn im Harz, sächsischen Erzgebirge und in Schlesien. Ganze Berge bildet er in Schweden und Norwegen und ist zu mächtigen Lagern im Ural sowie in Nordamerika aufgebaut. Die deutschen Hüttenwerke haben im Jahre 1900 1,4 Mill. Tonnen Magneteisenstein aus Schweden zur Verhüttung eingeführt.

Die Erze weisen nur einen geringen Mangangehalt auf. Zur Erzeugung der Eisenmangane bedarf der Hüttenmann der Manganerze und kommen hier folgende Erze hauptsächlich in Betracht.

Ein reiner Braunstein ist der Pyrolusit (Mangansuperoxyd, MnO_2). Er tritt an der Lahn auf, wird aber wegen seines hohen Preises nur selten für die Eisenindustrie verwendet.

Manganit (Manganhydroxyd, $Mn_3H_2O_4$) wird an der Lahn, in Thüringen und im Kaukasus mit Pyrolusit vermengt vorgefunden und ist zur Verhüttung sehr begehrt.

Hausmannit (Manganoxyduloxyd, Mn_3O_4) wird gleichfalls gebraucht. Seine Farbe ist braun, wie die aller Braunsteine. Je höher der Mangangehalt im Erze ist, desto dunkelbrauner ist sein Aussehen. Er wird im Gemenge mit Pyrolusit in Schweden und im Kaukasus gewonnen.

Die Analysen lieferten folgendes Ergebnis:

$(35 \div 52)\%$ Mangan $(1 \div 3)\%$ Kalkerde $0{,}15\%$ Phosphor
$(1 \div 15)\%$ Eisen $(1 \div 3)\%$ Tonerde $0{,}02\%$ Schwefel
  $(1 \div 15)\%$ Kieselsäure

Auffallend ist für uns, daß der Hüttenmann nicht den **Schwefelkies** (FeS_2) benützt, welcher weit verbreitet ist und dessen Gehalt an Eisen 43% beträgt. Außerdem sind im Schwefelkies noch 49% Schwefel und $3 \div 4\%$ Kupfer enthalten. Der hohe Schwefelgehalt ist jedoch das Hindernis seiner direkten Verwendung. Hier setzt nun die chemische Industrie ein, sie bedarf des Schwefels zur Fabrikation der Schwefelsäure. Das Kupfer wird gleichfalls dem Kies entzogen. Als Rückstand bleibt das **Purpurerz** (purple ore) mit

$(64 \div 67)\%$ Eisen $(2 \div 3)\%$ Kieselsäure $(0{,}1 \div 0{,}4)\%$ Schwefel,

welches sich durch seinen nunmehr geringen Schwefelgehalt schnell in die Eisenindustrie eingeführt hat.

Erze.

Aus anderen Hüttenbetrieben fallen sehr eisenreiche Rückstände, welche eine nochmalige Verarbeitung lohnend erscheinen lassen. Dazu gehören:

Die Puddel- und Schweißschlacken mit

(48 ÷ 50) % Eisen   22 % Kieselsäure   (4 ÷ 5) % Phosphorsäure (P_2O_5).*)

Der Walzensinter, Hammerschlag (mit 72 % Eisen) enthält das Eisen teils als Eisenoxydul, teils als Eisenoxyd.

Zuschlag. Die Erze bedürfen, um einen guten Hochofenbetrieb aufrecht erhalten zu können, noch vielfach der Zuschläge. Zu den Zuschlägen rechnet man den Kalkstein (Calciumkarbonat $CaCO_3$):

52 % Kalkerde   2 % Magnesia   40 ÷ 43 % Kohlensäure.

Er wird den Erzen beigegeben, um die Kieselsäure der Erze zu binden; daher legt man darauf Bedacht, einen möglichst kieselsäurefreien Kalkstein zu verwenden. Es soll beim Schmelzen eine Verbindung zwischen den Basen und Säuren entstehen, welche in den Zuschlägen und Gangarten der Erze enthalten sind. Die Basen und Säuren gelangen durch die Zuschläge in ein bestimmtes Verhältnis zu einander. Der Kalksteinzuschlag hat den weiteren Zweck einen Teil des Schwefels in der Beschickung zu binden. Der Schwefel geht mit der Kalkerde in Schwefelcalcium (CaS) über, wobei nun ein Teil Schwefel 1,8 Teile Kalkerde braucht,

---

*) Neben dem reichen Eisengehalt haben die Puddel- und Schweißschlacken noch einen bedeutenden Phosphorgehalt.

um in Schwefelcalcium übergeführt zu werden. Daraus erklärt sich der bedeutende Zusatz an Kalkstein zur Beschickung bei einem geringen Schwefelgehalt der Erze oder des Koks.

Dolomit besteht aus

$(26 \div 32)\%$ Kalkerde	$(11 \div 16)\%$ Magnesia	$(2 \div 10)\%$ Kieselsäure	40% Kohlensäure

und wird auch statt des Kalksteins verwendet.

Um kalkreiche Schlacken leicht flüssig zu machen, wird ein Zuschlag an **Flußspath** (Fluorcalcium, CaF_2) benützt.

Die Untersuchung der Erze ergab oft nur einen Eisengehalt von 25 %.

Auf die Frage, ob die Verhüttung dieser Erze noch mit einem Nutzen vollzogen werden kann, läßt sich erwidern, daß dies unter gewissen Vorbedingungen immerhin noch möglich ist. Bei den eisenarmen Erzen ist an einen weiten Transport derselben nicht zu denken. Ein Haupterfordernis ist daher ein billiger Bezug der Rohmaterialien. Die schlackenliefernden Beimengungen der Erze müssen demnach so zusammengesetzt sein, daß sie ohne bedeutende Zuschläge an Kalkstein eine solche Schlacke zu bilden vermögen, wie sie für eine bestimmte Roheisensorte nötig ist. Nur unter diesen Verhältnissen ist auf eine nutzbringende Verwertung der Erze zu rechnen.

Durch die **trockene und nasse Aufbereitung** kann man den Eisengehalt in den Erzen anreichern. Das Bestreben der Hüttenleute, den Eisengehalt in den zu verarbeitenden Erzen möglichst zu vermehren, hat die Einführung der **magnetischen Aufbereitung** begünstigt. Nicht bloß das Eisen, sondern auch die Verbindungen desselben mit Sauerstoff, wie Eisenoxyde, Eisenoxyduloxyde zeigen magnetische Eigenschaften. Wenn man sie an einem Magneten vorbeibewegt, werden sie von ihm angezogen. Beim freien Herabfallen des zerkleinerten Erzes lenkt der Magnet die eisenreicheren Stückchen durch die Anziehung von ihrer Fallrichtung ab und scheidet auf diese Weise die eisenhaltigen Erzstücke vom tauben Gestein. Die an Eisen möglichst angereicherten Erze werden zu Briketten gepresst und dem Hochofen zugeführt.

Nicht bloß ein Erz wird in einem Hochofen verhüttet, sondern es werden oft bis zu 20 verschiedene Erze zu einem **Erzsatz gattiert**. Zu diesem wird eine gewisse Menge Zuschlag (Kalkstein) gegeben und das Ganze zu einem **Möller** vereinigt. Der beigefügte Kalksteinzusatz ist von der Schlacke abhängig, welche für eine bestimmte Roheisensorte aus den Beimengungen der Erze (wie Kalkerde, Magnesia, Tonerde, Kieselsäure) gebildet werden muß. Auf jeden Fall ist der Hüttenmann darauf bedacht, die Erze so zu mischen, daß er möglichst wenig Zuschläge braucht. Die auf einmal in den Hochofen gegebene Menge an Erzen und Zuschlägen heißt eine **Gicht**, sie beläuft sich auf $4 \div 10000$ kg. Vor der **Erzgicht** wird eine **Koksgicht** von $2 \div 5000$ kg in den Hochofen hinabgestürzt. Die Koks- und Erzgichten bilden die Beschickung eines Hochofens. Das **Ausbringen** aus dem Möller beträgt im Durchschnitt $30 \div 45\%$. Nur wenige Werke haben ein Ausbringen von über 50% zu verzeichnen.

Im Jahre 1900 sind in Deutschland (einschließlich Luxemburg) 19 Millionen Tonnen Erze von 43 800 Arbeitern gefördert worden. Bei 4 Mark für eine Tonne beläuft sich der Wert des gewonnenen Erzes auf

77 Mill. Mark. Dabei wurden noch 4,2 Mill. Tonnen über Rotterdam und Amsterdam eingeführt, welche bis zu ihrem Bestimmungsort gebracht im Durchschnitt mit 18 Mk. für die Tonne bewertet werden dürfen. Dies entspricht einem Wert von 70 Millionen Mark.

Aus der Karte von Deutschland, Tafel II, können wir ersehen, daß das Zentrum der Industrie (Westfalen) sein Erz entweder mit der Eisenbahn von Luxemburg, Lothringen und Siegen oder mittelst der Schiffe aus Bilbao oder Schweden über Rotterdam und Amsterdam beziehen muß. Von den Minettelagern wurden im Jahre 1900 über 1 Million Tonnen Minette nach Westfalen auf der Bahn transportiert. Eines ist heute nach hartem Kampfe erreicht, daß die aus Spanien und Schweden bezogenen Erze in einem deutschen Hafen verladen werden können. Durch die Erbauung des Dortmund-Ems-Kanals ist Westfalen mit dem Meere verbunden. Das Erz gelangt von Emden aus in Schiffen nach Dortmund. Zum Verladen der Erze werden große Hebevorrichtungen gebaut, als deren Hauptrepräsentanten die Brownschen und Hulettschen Umlader anzusehen sind. Hochbahnen dienen zum Transport der Erze von den Lagerplätzen nach den einzelnen Verbrauchsstellen.

Kohlen.

Die Kohlen liefern durch ihre Verbrennung dem Hüttenmann die Wärme, welcher er zum Niederschmelzen der Erze bedarf. In dem Holz fand er früher allein das brauchbare Material für seine Prozesse. Das trockene Holz besteht aus:

49 % Kohlenstoff; 42 % Sauerstoff; 6 % Wasserstoff; 1 % Stickstoff und 2 % Asche.

In diesem Zustand ist es für den Hüttenmann nicht verwendbar, weil es noch zu viel flüchtige wärmeabführende Substanzen enthält und einen zu großen Raum einnimmt. Er griff deshalb zur Verkohlung des Holzes in Meilern oder Retorten, dabei erhielt er eine Holzkohle, welche seinem Wunsche entsprach. Die Anforderungen an eine gute Holzkohle sind folgende:

Vor allen Dingen darf sie keine unverkohlten Holzteile aufweisen. Sie muß auf dem Bruche vollständig schwarz und glänzend sein. Ihre Zusammensetzung ist im Durchschnitt:

84 % Kohlenstoff; 14 % flüchtige Bestandteile; 2 % Asche.

Die Wärmeentwickelung eines Kilogramm Holzkohle beträgt 7 ÷ 8000 Wärmeeinheiten (W.E.). Um 1 cbm Holzkohle von durchschnittlich 200 kg Gewicht zu erzeugen, ist eine Holzmasse von 1000 kg Stammholz nötig. Diese Zahlen sind eine sprechende Erklärung, warum sich die wachsende Industrie bald nach anderen Hilfsmitteln umsah.

Nach großen Anstrengungen gelang es in der Steinkohle, das wärmeliefernde Material für die Hüttenindustrie zu finden. Nicht alle Steinkohlenarten, welche gewonnen werden, eignen sich aber für das Schmelzen der Erze im Hochofen, nur bestimmte Eigenschaften machen ihre Verwendung möglich. Von dem Verhalten der Steinkohlenarten bei der Erhitzung ausgehend, teilt der Hüttenmann die Kohlen ein in

Back- oder Fettkohlen; Sinterkohlen und in
Sand- oder Magerkohlen

oder auch bloß in zwei Hauptgruppen

1) gasarme; 2) gasreiche.

Die gasreichen Kohlen enthalten 33 ÷ 50% flüchtige Bestandteile. Allen anderen Kohlenarten wird die Backkohle zum Hochofenprozeß vorgezogen und erst in zweiter Linie kommt die gasärmste Sandkohle (der Anthracit) in Betracht. Die Backkohle muß vor ihrer Verwendung im Hochofen bis zur Staubfeinheit zerkleinert, der nassen Aufbereitung unterworfen und geglüht werden. Die an der Kohle haftende Gangart wird durch die Aufbereitung beseitigt. Die Entfernung der Gangart hat eine Verminderung des Aschen- und Schwefelgehalts der Kohle zur Folge. Die Scheidung der Gangart von der Kohle beruht auf dem verschiedenen spezifischen Gewichte der beiden. Die Backkohle wird deshalb zu Koks umgewandelt, weil sie sonst bei der starken Erhitzung im Hochofen erweichen und durch die auf ihr ruhenden Last zusammengedrückt eine dichte Masse bilden würde, welche dem Wind keinen Durchgang gewährt. Die aufbereitete Backkohle enthält

(75 ÷ 82) % Kohlenstoff; 5 % Wasserstoff; 7 % Sauerstoff; (1 ÷ 2) % Stickstoff und (5 ÷ 7) % Asche

und gibt eine Ausbeute von (74 ÷ 82) % Koks. Das spezifische Gewicht der Backkohle ist 1,25. Beim Verbrennen eines Kilogramms Backkohlen werden 9400 Wärmeeinheiten frei. Dies ist ein Wärmeeffekt, wie er nur von wenigen Kohlenarten erreicht wird. Die Kennzeichen der Backkohle sind der matte Glanz, die schwarzbraune Farbe, die Sprödigkeit und der etwas muschelige Bruch. Zerkleinert man die Backkohle und erhitzt sie, so können wir beobachten, wie sie unter Verflüchtigung vieler Bestandteile ([18 ÷ 26] % ihrer Zusammensetzung) weich wird und sich aufbläht. Läßt man sie erkalten, so erstarrt sie zu einer festen Masse, welche durch die Gasentwickelung porös geworden ist. Diese Eigenschaft des Backens ist in hervorragendem Maße bei der Backkohle und in geringerem bei der Sinterkohle festzustellen, welch letztere nach dem Glühen nur gesintert ist. Die zerkleinerte Sandkohle zeigt beim Erhitzen weder ein Backen noch Sintern, sie bleibt sandig und bildet eine lose Sandmasse.

Der Anthracit hat nur $(8 \div 18)\%$ flüchtige Bestandteile und enthält über 90% Kohlenstoff. 1 kg Anthracit entwickelt beim Verbrennen 9000 Wärmeeinheiten. Sein spezifisches Gewicht beträgt 1,5. Die Farbe desselben ist tiefschwarz, hat metallähnlichen Glanz und muscheligen Bruch. Erhitzt zerspringt der Anthracit in kleine Stücke und verursacht dadurch leicht Betriebsstörungen im Hochofen. Er wird keinen besonderen Prozessen unterworfen, sondern ohne weiteres in England und Rußland im Hochofenbetrieb verwendet.

Koks. Um den Koks zu gewinnen, wird die Backkohle unter Luftabschluß stark geglüht, dabei werden die flüchtigen Bestandteile aus ihr verjagt. Sie verliert dadurch die Eigenschaften zu backen, im erhitzten Zustande zu erweichen, wird porös und erhält eine graue, metallglänzende Farbe. Die Durchschnittsanalyse eines Koks ergibt:

87% Kohlenstoff; 4% flüchtige Bestandteile; 8% Asche und 1% Schwefel.

Der Aschengehalt des Hochofenkoks soll nicht über 12% und der Schwefelgehalt nicht über 2% hinaufgehen. 1 kg Koks entwickelt beim vollständigen Verbrennen zu Kohlensäure 7000 Wärmeeinheiten. Er erleidet innerhalb des Hochofens einen starken Druck durch die auf ihm ruhenden Massen. Man richtet daher ein Hauptaugenmerk auf die Druckfestigkeit des Koks, welche immerhin (80 ÷ 100) kg auf 1 qcm betragen und auf die Größe der Koksstücke, die möglichst groß sein sollen, weil sich hierdurch größere Zwischenräume im Hochofen bilden, welche dem Wind leichteren Durchgang verschaffen. 1 cbm großer Koksstücke wiegt im Durchschnitt 400 kg.

Die Darstellung des Koks geschieht in Koksöfen, deren Aufbau wir in Fig. 4, 5 und 6 betrachten können. Zwei Systeme werden in der neueren Zeit ausgeführt. Es sind die Coppee-Öfen, welche eine Gewinnung der Destillationsprodukte nicht ermöglichen und die nach der Anordnung von Otto-Hoffmann gebauten Öfen, welche ohne Beeinträchtigung einer guten Kokserzeugung, doch die Gewinnung der flüchtigen Bestandteile in der Backkohle zulassen. Weil die Destilationsprodukte so hoch bewertet sind, haben sich die Koksöfen nach Otto-Hoffmann schnell eingeführt. Überall wurde trotz der Gewinnung der Nebenprodukte ein guter Koks erzielt.

Verfolgen wir diese Konstruktion in Fig. 5 und 6. Diese liegenden Koksöfen haben einen schmalen Querschnitt O und sind aus feuerfesten Steinen gebaut. An der Längsseite des Ofens sind 16 senkrechte Kanäle k und 16 k_1 von gleichen Dimensionen, welche oben durch den Querkanal miteinander und unten durch die unter dem Boden des Ofens o befindlichen Kammern v und v_1 mit den Wärmespeichern l bezw. l_1 in Verbindung stehen. Die Kammern v und v_1 werden Verbrennungskammern bezeichnet, weil in sie brennbares Gas aus der Gasleitung g bezw. g_1 und von den Kammern l bezw. l_1 vorerwärmte Luft zum Verbrennen des Gases gelangt. l und l_1 sind Kammern (Wärmespeicher),

Kohlen.

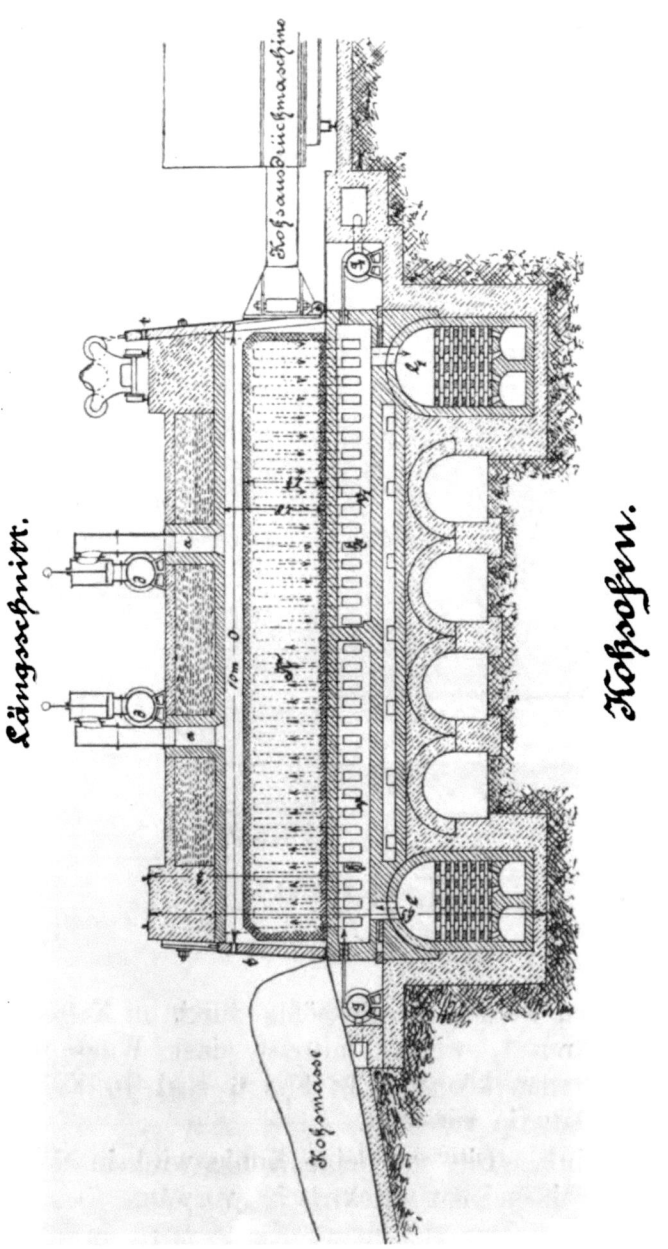

Fig. 4.

welche mit gitterartig versetzten feuerfesten Steinen ausgemauert und längs der Koksöfen laufen. In dem Ofen o sind 2 senkrechte Abzüge a für die Destillationsprodukte angebracht. Die Abgase sammeln sich in den oben auf den Koksöfen etwas geneigt gelegten Röhren d.

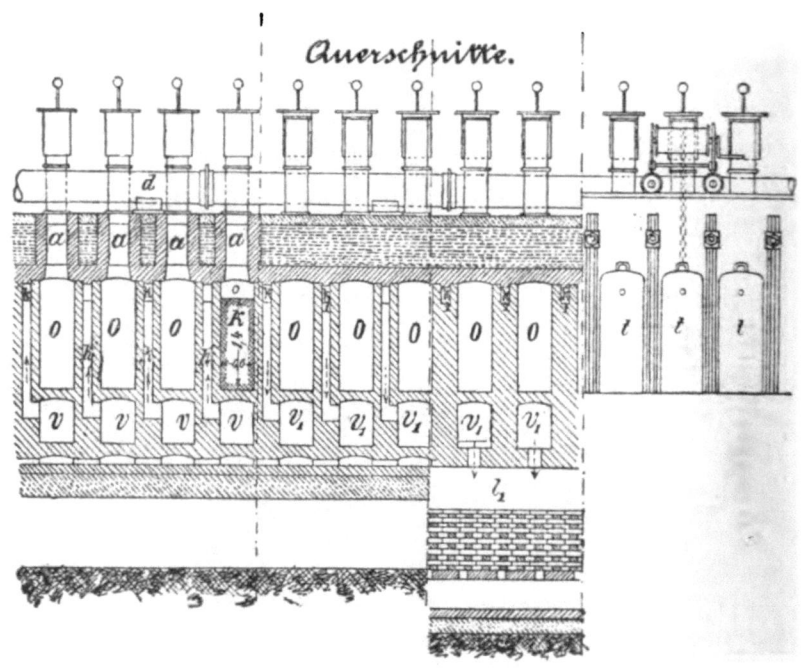

Fig. 5.

Verschlossen werden die Koksöfen durch an Ketten befestigte Türen t, welche mittelst einer Winde hochgezogen werden können. In Fig. 6 sind 30 Koksöfen zu einer Batterie vereinigt.

Betrieb. Die staubfeine Kohle wird in Kohlenstampfmaschinen mit elektrisch vorwärts bewegten

Stampfers zu niederen Kuchen (K) von der Breite des Koksofens gestampft. Diese Kuchen werden seitwärts in den Ofen gedrückt. Der Ofen wird durch die Türen t

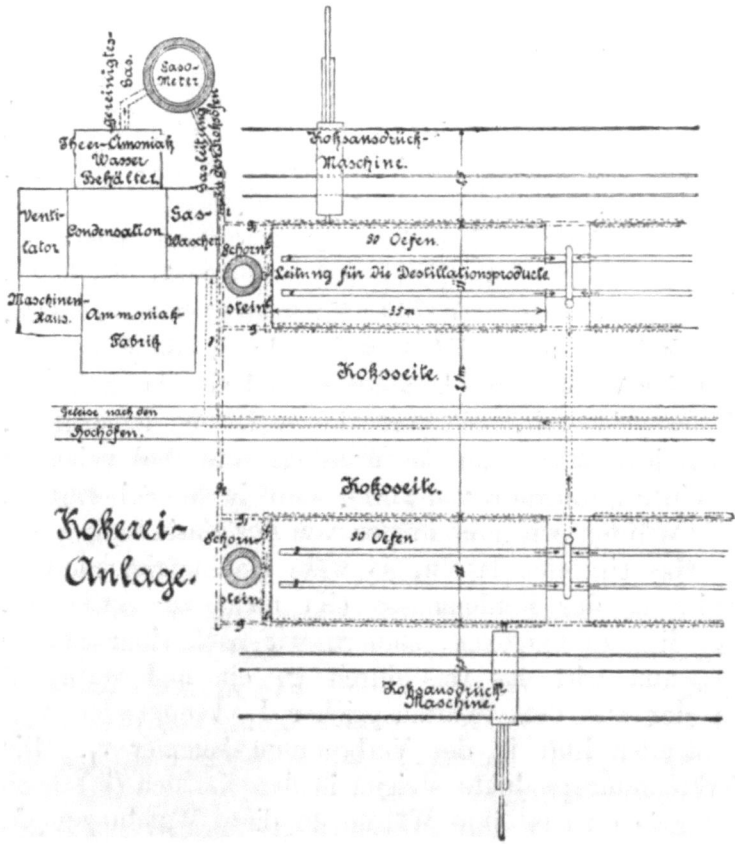

Fig. 6.

verschlossen und mittelst Lehm abgedichtet. Die Ventile nach dem Rohr d werden geöffnet, damit die sich entwickelnden Gase durch den Exhaustor abgesaugt werden können, doch darf das Absaugen nur gemäß der Gasentwickelung geschehen. Die größte Vorsicht ist nötig, dabei nicht zu viel Luft in den Ofen eindringen zu lassen, denn dieselbe soll ihren Zutritt allein durch die kleine Öffnung in der Türe finden. In Fig. 4 und 5 ist die Gasleitung g geöffnet ersichtlich, dementsprechend ist die Klappenstellung an dem Schornstein in Fig. 6 eingezeichnet, welche den Wärmespeicher l_1 mit dem Schornstein in Verbindung bringt. Das Gas tritt nun von g kommend in die Verbrennungskammer v, wo es sich mit (auf etwa 1000^0 C. erwärmter) Luft aus l vermischt und verbrennt. Die Gase steigen in den Kanälen k in die Höhe und gelangen in den Querkanal, der die Gase von den Kanälen k nach k_1 leitet. Die Verbrennungsprodukte gehen durch die Kanäle k_1 nach der Verbrennungskammer v_1 und von da nach dem Wärmespeicher l_1. Sie durchziehen den Wärmespeicher, geben ihre Wärme an die Wandungen ab und gelangen mit einer Temperatur von $250 \div 400^0$ in den Schornstein.

Würden wir nun immer von der Gasleitung g aus das Gas eintreten lassen, so wäre eine ungleichmäßige Erhitzung der Kohlenmasse (K) nicht zu vermeiden. Um dies zu umgehen, steuern wir nach einer Stunde um, nun tritt das Gas durch g_1 ein und verbrennt mit der aus dem Wärmespeicher l_1 kommenden vorgewärmten Luft in der Verbrennungskammer v_1. Die Verbrennungsprodukte steigen in den Kanälen (k_1) hoch und geben zuerst ihre Wärme an diese Wandungen ab. Sie gehen durch die Kanäle k hinab nach v und l. Einen weiteren Teil ihrer Wärme hat der Wärmespeicher l aufgenommen. Dieser steht durch Drehen der Klappe beim Schornstein mit ihm in Verbindung.

Das Gas aus g und die erwärmte Luft aus dem Wärmespeicher l austretend nehmen somit nach der

Verbrennung desselben in v einmal den Weg durch k, k_1, v_1, l_1 nach dem Schornstein; das andere Mal verbrennt nach der Umsteuerung das Gas von g_1 kommend mit der erwärmten Luft aus l_1 in der Verbrennungskammer v_1 und ziehen die Abgase durch k_1, k, v, l nach dem Schornstein.

Was geschieht nun mit der Kohlenmasse während der Erhitzung? Aus der Kohle entweichen das Wasser und die leicht flüchtigen Bestandteile, welche im wesentlichen Kohlenwasserstoffe sind. 100 kg Backkohle entwickeln bei der Erhitzung im Koksofen ungefähr 30 cbm Gas, welches mit Hilfe des Exhaustors und Sammelrohres d aus dem Koksofen abgesaugt wird. In dem Rohre d werden die schwerer flüchtigen Kohlenwasserstoffe (wie Benzol, Anthracenöl, Pech) infolge der stattfindenden Abkühlung niedergeschlagen (kondensiert). Diese bilden den Teer, dessen Analyse nachstehendes Resultat ergibt:

4 % Leichtöl; 2 % Anilinbenzol; 14 % Kreosotöl; 28 % Anthracenöl; 44 % Pech und etwa 13 % Wasser.

Die flüchtig gebliebenen Destillationsprodukte werden durch den Exhaustor nach der Anlage für die Gewinnung der Nebenprodukte geführt. Dort entzieht man dem Gas durch Waschen mit Wasser die letzten Reste des Teers und das Ammoniak (NH_3). Das gewaschene Gas wird nach dem Gasometer geleitet und hat etwa folgende Zusammensetzung:

54 % Wasserstoff; 36 % Methan (Grubengas, CH_4); 6 % Kohlenoxyd; 2 % Kohlensäure.

Beim Verbrennen von 1 cbm liefert es 4000 Wärmeeinheiten und steht daher nur wenig dem Leuchtgas nach. Vom Gasometer führt eine Leitung nach den Koksöfen, wo dieses Gas zum Erhitzen der Öfen Verwendung findet. Ungefähr $3/4$ des erzeugten Gases wird zur Erhitzung der Öfen verwendet. Die übrige zur Verfügung stehende Menge kann zur Dampfkesselfeuerung oder zum Betrieb von Gasmotoren benützt werden. Es sind bei 120 Koksöfen stündlich 1000 cbm Koksofengase zum Verbrauch frei, womit in Gasmotoren etwa 1300 Pferdestärken nutzbar gemacht werden können. In einem Koksofen wird die Kohlenmasse ungefähr $(24 \div 48)$ Stunden der Erhitzung bis zur hellen Rotglut unterworfen. Die beiden Türen werden hernach hochgezogen und der glühende Koks mittelst einer Koksausdrückmaschine hinausgeschoben. Die Koksmasse wird sofort mit Wasser besprizt, damit der Koks nicht an der Luft verbrennt. Nach dem Erkalten bildet er große graue Stücke (die ähnlich wie Basalt geformt sind) und ist nun für den Hochofenbetrieb tauglich.

Aus 100 kg Backkohle erhält man $(76 \div 82)$ kg Koks, $(3 \div 4)$ kg Teer, 9 kg Gaswasser und $(25 \div 30)$ cbm Gas.

Der gewonnene Teer wird zur Fabrikation vieler organischen Verbindungen, wie Benzol, Toluol gebraucht oder direkt an die Anilinfarbfabriken verkauft. Der Preis von 100 kg Teer schwankt von $3 \div 5$ Mk. Das erhaltene Ammoniakwasser wird zur Darstellung von schwefelsaurem Ammoniak (Ammoniumsulfat, $[NH_4]_2SO_4$) benützt, welches in großen Mengen von der Landwirtschaft als Düngemittel verwendet wird. Die Ausbeute an schwefelsaurem Ammonium aus 100 kg Backkohle beträgt $(1 \div 1,3)$ kg; für 100 kg desselben werden im Durchschnitt $20 \div 24$ Mark bezahlt.

Ein Koksofen faßt ungefähr $6 \div 8000$ kg Backkohle. Bei der Annahme eines Einsatzes von 7000 kg,

Kohlen.

einer Erhitzungsdauer von 36 Stunden und einer Ausbeute an Koks von 76% gewinnen wir 5300 kg Koks, 220 kg Teer, 80 kg schwefelsaures Ammonium und ist demnach auf eine jährliche Erzeugung von 150000 Tonnen Koks, 5500 Tonnen Teer und 2000 Tonnen Ammoniumsulfat zu rechnen.

Gehen wir von der Kokereianlage in Fig. 6 aus, so ergibt sich, daß wir in 120 Koksöfen den Tagesbedarf für eine Hochofenanlage erzeugen, welche eine Tagesproduktion von mindestens 350 Tonnen Roheisen aufweist.

Die Anlagekosten für die Kohlenaufbereitungsanstalt betragen 3 $\div$ 400000 Mark; die Anlagekosten für 120 Koksöfen nach Koppensystem 500000 Mark; die Anlagekosten für 120 Koksöfen nach Otto-Hoffmann 1300000 Mark.

Wir sehen, daß die Anlage des letzteren Systems sich in dem Kostenaufwand nahezu verdreifacht, doch wird dieser Nachteil durch die Gewinnung der wertvollen Nebenprodukte aufgewogen.

Im Jahre 1900 haben in Deutschland 380000 Arbeiter 109 Millionen Tonnen Steinkohlen in einem Werte von 960 Mill. Mark gefördert. Aus rund 23 Mill. Tonnen Backkohlen wurden 16 Millionen Tonnen Koks erzeugt. 12 Züge brachten jeden Tag 9200 Tonnen Koks von Westfalen nach Lothringen, so daß insgesamt $2^3/_4$ Mill. Tonnen Koks nach dort auf der Bahn befördert worden sind. Die Produktion an Steinkohle ist von dem Jahre 1893 bis 1900 um 50% gestiegen.

Von der Gesamtförderung entfällt auf
das Ruhrgebiet 50%; Oberschlesien 24% und auf das
Saargebiet 9%.

Die übrigen Prozente verteilen sich auf das deutsche Reich. Das deutsche Kohlengebiet soll bei der Voraussetzung des doppelten heutigen Verbrauchs bis zur völligen Erschöpfung unseren Bedarf noch 1200 Jahre zu decken vermögen.

Der Hochofen und seine Hilfsapparate.

Der Aufbau der Hochöfen: Die alten Holzkohlenhochöfen hatten eine Höhe von 5 ÷ 7 m und eine Tagesproduktion von 2 ÷ 3 Tonnen Roheisen aufzuweisen. Mit dem Bedarf an Eisen stiegen die Anforderungen an die Leistung der Hochöfen und damit der bedeutende Verbrauch an Holz. Im 18. Jahrhundert wurden Versuche mit Hochöfen gemacht, welche statt der Holzkohle Koks als Brennmaterial erhielten. Der erste deutsche Hochofen für Koksbetrieb wurde in Gleiwitz (Oberschlesien) im Jahre 1795 gebaut. Die Leistungen waren sehr gering, sie betrugen im Durchschnitt täglich 4 Tonnen. Die alten Hochöfen sind Schachtöfen und zwar meistens solche mit offener Brust und Rauchgemäuer (r_a), deren Aufbau in Fig. 7 zu ersehen ist. Das Gestell (g), die Rast (r) und der Kohlensack (k), sowie der Kernschacht (k_s) sind aus feuerfestem Material (Quadersandsteine) gebaut. Zwischen dem Kernschacht (k_s) und dem Rauchgemäuer (r_a) ist eine Schlackenschicht (o), damit der Kernschacht sich ungestört ausdehnen kann. Der Hochofen ist durch eine Glocke luftdicht abgeschlossen und die Gichtgase werden seitlich durch die Öffnung (g g) hinter dem Blechcylinder (c) abgeleitet. Über dem freistehenden Gestell münden 3 Windformen (e w) ein. Das Gestell selbst ist an einer Seite offen, vor der Öffnung liegt der Wallstein (w) und in diesem befindet sich das Abstichloch (a). Der Tümpelstein t schließt nach dem Abstich, wenn

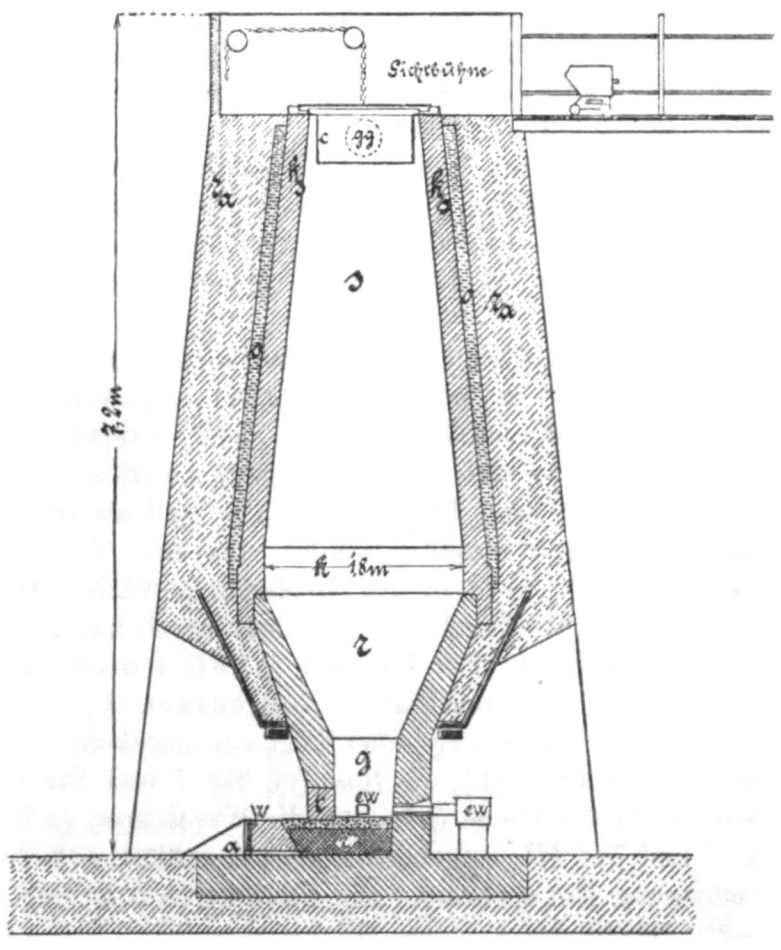

Hochofen
mit Rauchgemäuer u. offener Brust.
Fig. 7.

die Schlacke und das Roheisen wieder das Gestell angefüllt haben, luftdicht ab. Die Schlacke wird oben zwischen dem Wall- und Tümpelstein t herausgeschöpft.

Eine derartige Konstruktion ermöglichte, daß man bei Bildung von erstarrten Massen innerhalb des Hochofens dieselben mittelst einer an der offenen Brust eingeführten Stange leicht entfernen kann.

Heute ist man von dieser Konstruktion abgekommen und baut ausschließlich Hochöfen mit geschlossener Brust, weil man gelernt hat, durch Temperatursteigerung der Bildung von erstarrten Massen entgegenzuarbeiten.

Das Profil eines modernen Hochofens ist in Fig. 8 sichtbar, es besteht aus zwei abgestumpften Kegeln, deren Grundflächen durch einen Cylinder verbunden sind. An den unteren Kegel schließt sich ein zweiter Cylinder an. Die Öffnung (a b) wird als Gicht bezeichnet, durch dieselbe werden das Erz, die Zuschläge und der Koks in den Hochofen gestürzt. Der oben abgestumpfte Kegel (a b c d) bildet den Schacht (s) Fig. 7 und Taf. III. Der Cylinder (c d e f) schließt sich an ihn an und trägt den Namen Kohlensack (k), Fig. 7 und Taf. III. Auf den Cylinder folgt ein umgekehrt aufgebauter Kegel (e f g h), die Rast (r), Fig. 7 und Taf. III genannt. In der Ebene (g h) sind die Windformen (e W), Fig. 7 und Taf. III, angebracht, daraus erklärt sich die Bezeichnung Formebene. Die Rastlinie (h f) ist gegen die Formebene unter einem Winkel von $(70 \div 75^0)$ geneigt. Den Sammelraum für das Roheisen und die Schlacke umschließt das Gestell (g), welches durch den Linienzug (g h i k) dargestellt ist.

Die Profile der Hochöfen haben im Laufe der Jahre viele Veränderungen erfahren und immer noch kommen neue Verbesserungen. In neuerer Zeit werden häufig Vorschläge gemacht dem Hochofen die Form eines Cylinders zu geben, doch wurden bis jetzt noch

Der Hochofen und seine Hilfsapparate.

keine Versuche damit vorgenommen. Beim Entwurf eines Hochofenprofils sind die Resultate, welche uns die Erfahrung lieferte, von großem Werte. Sie zeigt,

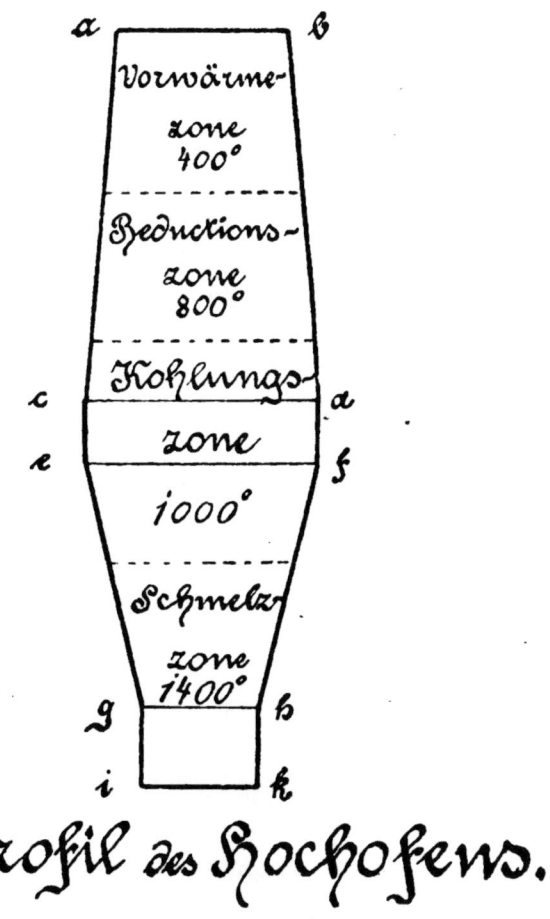

Fig. 8.

daß auf ein günstiges Arbeiten des Hochofens zu rechnen ist, sobald die Dimensionen desselben in einem bestimmten Verhältnis zu einander stehen und zwar wie folgt:

die Höhe des Hochofens verhält sich zum Kohlensack-
    durchmesser wie $(3,5 \div 4) : 1$,
der Kohlensackdurchmesser verhält sich zum Gichtdurch-
    messer wie $(1,3 \div 1,5) : 1$,
der Kohlensackdurchmesser verhält sich zum Durchmesser
    in der Formenebene wie $(1,4 \div 2) : 1$.

Den technischen Aufbau eines nach den neuesten Erfahrungen gebauten Hochofens können wir in Taf. III und IV verfolgen. Nachdem das Fundament fertiggestellt, werden 8 aus schmiedbarem Eisen konstruierte Säulen errichtet. Diese Säulen sind dazu bestimmt, den Schacht zu tragen, der auf einem gußeisernen Tragring ruht. Nirgends ist ein Rauhgemäuer mehr zu sehen, schlank und frei von der beengenden Ummauerung erhebt sich der Schacht. Als Baumaterial dienen feuerfeste Steine mit einem Tonerdegehalt ($Al_2 O_3$) von 35 % und einem möglichst geringen Eisenoxydgehalt ($Fe_2 O_3$) von höchstens 3 %. Die feuerfesten Steine (saure Steine) sind etwa folgendermaßen zusammengesetzt:

$(36 \div 40)$ % Tonerde	$(1 \div 2)$ % Eisenoxyd	$(0,05 \div 0,7)$ % Alkalien.
$(40 \div 45)$ % Kieselsäure	$(0,1 \div 0,3)$ % Kalkerde	
	$(0,05 \div 0,1)$ % Magnesia	

Für die ganze Wandstärke, deren Abmessungen von $850 \div 1200$ mm schwankt, werden oft durchgehende Steine verwendet. Um ein schnelleres Bauen des Schachtes zu erzielen, gebraucht man öfters ohne Nachteil nur kleinere Steine, weil solche besser durchgebrannt werden können als die großen. Eine sehr dünne Tonschicht dient als Bindemittel für die Steine, welche eben und dicht aneinander gelegt werden müssen. Alle 2 ÷ 3 Steinlagen wird der äußere Durchmesser um einige Centimeter verkleinert, so daß man oben an der Gicht mit einer Wandstärke von 6 ÷ 800 mm anlangt. Ist der Schacht mit großer Sorgfalt aufgebaut, so geht es an die Errichtung des Gestells und der Rast. Das Gestell ist auf dem Bodenstein errichtet, welcher freistehend auf Doppel-T-Trägern ruht. Der Bodenstein ist mit einem Panzer von Eisenblech versehen und erreicht eine Höhe bis zu 2,5 m. Die Bausteine sind Chamottesteine mit einem Tonerdegehalt bis zu 43 %. Die Stärke der Gestellwand beträgt 1200 mm. An der tiefsten Stelle derselben ist ein Stein mit einer Öffnung zum Abstechen des Roheisens eingebaut. Etwa 1 m über dem Eisenstich a befinden sich zwei Lürmannsche Schlackenformen (s t), welche aus je einem doppelwandigen Bronzekegel bestehen und durch die ein stetiger Wasserstrom fließt. Eine der Schlackenformen wird zum Schlackenabstich benützt, während die andere zur Reserve eingebaut ist. Ihre Dimensionen richten sich nach der Schlackenmenge, meistens beträgt der innere Durchmesser des Auges 50 mm. Über den Schlackenformen in einer Höhe von (0,4 ÷ 1) m sind in der Formebene 8 Windformen (e W) angebracht. Die Anzahl der Windformen schwankt von 7 bis 20. Die über dem Roheisenabstich (a) angeordnete Windform wird zur Schonung der Vorderwand gewöhnlich blind gemacht. Die Windformen, durch welche der erhitzte Wind in den Hochofen eingeleitet wird, bestehen aus Bronze oder getriebenem Kupfer. Sie sind zur Wasserkühlung eingerichtet, ragen 150 mm in den Hochofen hinein und haben einen inneren lichten Durchmesser von 130 ÷ 180 mm und eine Länge von 600 mm. In die Windformen wird vermittelst der Düsen der Wind eingeleitet. Den dichten Abschluß bewirkt man durch einen Wulst an der Düse. Diese steht nun ihrerseits durch ein gußeisernes, zum Teil mit feuerfestem Material ausgefüttertes Rohr (Düsenstock, Düsenständer) mit der Heißwindleitung in Verbindung. Das Verbindungsrohr rings um den Hochofen liegt beweglich auf den acht Säulen, hat einen äußeren Durchmesser von 14 ÷ 1500 mm und ist mit (2 ÷ 3) Lagen feuerfesten Steinen 3 ÷ 400 mm dick ausgemauert. Über dem Gestell baut sich die Rast (r) auf, welche in ihrer Wandstärke immer mehr abnimmt. Die feuerfesten Steine müssen ebenfalls von äußerst guter Beschaffenheit sein; da diese hier die größte Hitze und den stärksten Druck auszuhalten haben. Statt der Chamottesteine sind in neuerer Zeit vielfach die Kohlenstoffsteine für die Rast mit Erfolg verwendet worden. Fein gemahlener, aschenarmer Koks wird mit Teer gemischt und zu Steinen gepreßt. Die Steine werden unter Luftabschluß in Muffeln geglüht, wobei ein Teil des Teers verflüchtigt wird. Für den Aufbau des Gestells sind die Kohlen-

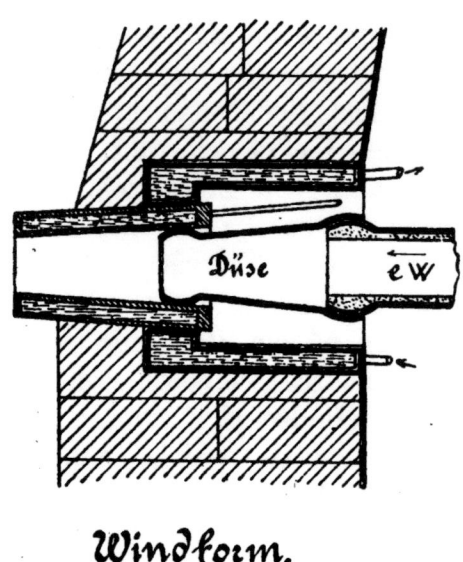

Windform.

Fig. 9.

stoffsteine untauglich, weil das Eisen gierig den Kohlenstoff in sich aufnimmt und die Steine somit auflöst.

Die Rast lehnt sich beim neugebauten Hochofen nicht an das Schachtmauerwerk an, sondern steht einige Centimeter von ihm entfernt frei da, um sich in der Hitze ausdehnen zu können. Die Ausdehnung des feuerfesten Materials beträgt in der Längsrichtung $(2 \div 3)\%$ und in der Querrichtung weniger. Das durch die Ausdehnung eventuell hervorgerufene Klaffen des Mauerwerks wird mit Hilfe starker Eisenbänder verhindert, deshalb sind um den Hochofenschacht alle $2 \div 3$ Steinlagen verstellbare schmiedeiserne Bänder angelegt. Durch einen Blechmantel um den ganzen Hochofen hat man das gleiche Ziel zu erreichen versucht, allein die Reparaturen wurden bedeutend umständlicher. An einem Hochofen wird zur Zeit nur die Rast ummantelt, weil dort das Mauerwerk die ganze Erz- und Koksmasse im Hochofen zu tragen hat und deshalb abgestützt werden muß; somit nimmt der 20 mm starke Blechmantel die Last auf. Das Gestell wird durch schmiedeeiserne Bänder fest umklammert oder gleichfalls mit einem Blechmantel versehen.

Statt der kräftigen Wandungen aus feuerfestem Material werden viele Hochöfen jetzt auch aus gußeisernen Ringen gebaut, welche außen fest verschraubt werden und innen mit einer dünnen Schicht feuerfester Steine überdeckt sind. Solche Hochöfen werden durch Wasser in ihrem ganzen Umfang gekühlt und dadurch vor der schnellen Zerstörung bewahrt.

Die Gichtbühne wird von den Säulen getragen. Der Fülltrichter (f) steht mit dem Hochofen durch eine Art Stopfbüchse im Zusammenhang. Die Stopfbüchsenanordnung verhütet, daß die Erschütterungen, welche

48   Der Hochofen und seine Hilfsapparate.

durch den Transport der Erze oben auf der Gichtbühne entstehen, nicht auf das Schachtmauerwerk übertragen werden. Dasselbe ist bei dieser Konstruktion an der freien Ausdehnung nicht gehindert, noch genötigt, einen Teil der Gichtbühne zu tragen. Aus dem Hochofen heraus läuft eine Leitung (g g), welche für die aufsteigenden Gichtgase bestimmt ist und zugleich zur Ausbreitung der Beschickung dient. Sie führt die Gichtgase nach den Gichtgasreinigern (Fig. 12). Von dort aus verfolgen wir später ihren Lauf.

An der Gichtgasleitung ist ringsum ein kleiner mit Wasser gefüllter Cylinder q angebracht, in den eine aus Schmiedeeisen gefertigte Glocke (Langensche Glocke) eingreift, welche auf dem Trichter (f) ruht

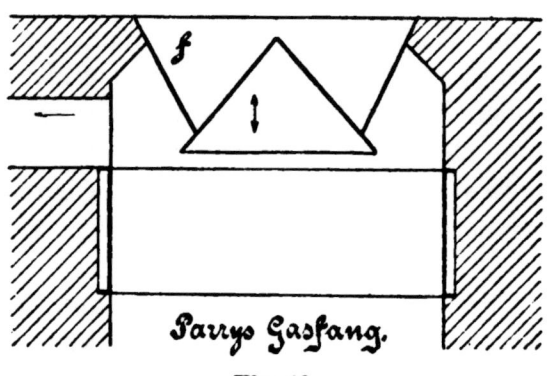

Fig. 10.

und den Hochofen abschließt. Zwischen den Fülltrichter (f) und die Glocke wird das Erz und der Koks aus den Wagen (Hunten) gestürzt. Die Glocke kann in die Höhe gezogen werden, wobei das Erz in den Hochofen gleitet und die Gichtgase entweichen. Jedoch werden auch andere Gasfänge ausgeführt. Dazu gehört der Parrysche Kegel. Der Fülltrichter (f) wird durch

Der Hochofen und seine Hilfsapparate.   49

den Kegel (k) abgeschlossen und das Gichtgas seitlich abgeleitet. Das Erz stürzt durch Senken des Kegels in den Hochofen hinab gegen das Schachtmauerwerk, welches dort durch Anordnung eines Eisenringes vor Beschädigung geschützt wird.

Der Von-Hoff'sche Gichtverschluß ist folgendermaßen aufgebaut. Die Ableitung des Gases geschieht

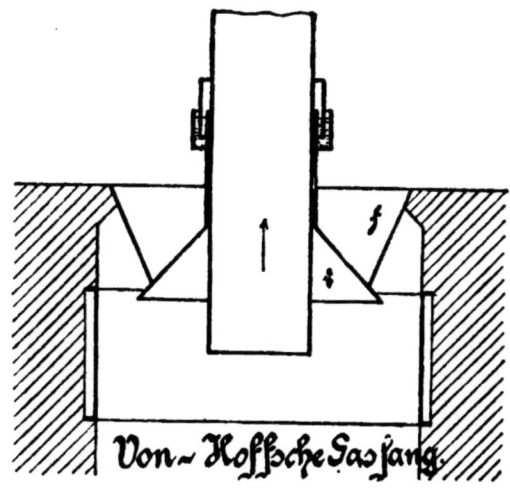

Fig. 11.

hier nicht seitlich, sondern in der Mitte. Zum Beschicken wird der Kegel gesenkt und das Erz fällt gegen das Schachtmauerwerk.

Um die Gasverluste beim jedesmaligen Beschicken zu vermeiden werden häufig doppelte Verschlüsse angebracht, auch wurden in neuerer Zeit Gichtverschlüsse ausgeführt, welche eine automatische Beschickung zulassen. Über der Glocke in Taf. III ist ein Behälter angeordnet, welcher das Wasser für die Wasserverschlüsse und die Kühlung der Formen liefert. Außer

Krauss, Eisen-Hütten-Kunde.

den Formen wird die Rast, das Gestell und der Bodenstein ihrem ganzen Umfange nach durch Bespritzen mit Wasser gekühlt. Diese Kühlvorrichtungen genügen vielfach nicht im Betriebe, es werden deshalb alle (2 ÷ 3) Steinlagen je (10 ÷ 15) gußeiserne Kühlkasten in das Rast- und Schachtmauerwerk eingebaut, welche bis in die Mitte desselben gehen und stets von Wasser durchflossen sind. Der Wasserverbrauch in einer Minute für sämtliche Kühlungen an einem Hochofen schwankt zwischen (2 ÷ 3) cbm.

In Fig. 12 ist die Anordnung eines Hochofenwerks gezeichnet. Die Hochöfen I u. II sind mit einer Gichtbrücke verbunden. Hinter dem Hochofen stehen je die nötigen Winderhitzer, welche jetzt vielfach alle nebeneinander angeordnet werden. Zum Betrieb der Winderhitzer dient ein Schornstein.

Die Photographie der Hochofenanlage, Tafel I, soll hier ebenfalls kurz besprochen werden, für deren Überlassung der Verfasser der Aktiengesellschaft „Phoenix" in Laar-Ruhrort zu großem Dank verpflichtet ist. Vor uns in der Mitte des Bildes befindet sich der neuerrichtete Hochofen und hinter demselben ist bereits das Eisengerüst für einen zweiten ersichtlich. Der Schacht ruht auf 8 Säulen und die Gicht wird von 4 Säulen getragen. Der Gichtverschluß wird mit Hilfe eines Balanciers gehoben und gesenkt. Links stehen für beide Hochöfen 7 Winderhitzer. Vor denselben sehen wir einen Blechcylinder zur Gichtgasreinigung mit einem Wasserverschluß. Rechts sind die Gießhallen.

Die Höhe der neuen Hochöfen beläuft sich auf (20 ÷ 30) m und ihr Inhalt auf (400 ÷ 1100) cbm. Der mittlere Inhalt der deutschen Hochöfen ist (4 ÷ 500) cbm, da man die Erfahrung gemacht hat, daß die Kosten

Der Hochofen und seine Hilfsapparate. 51

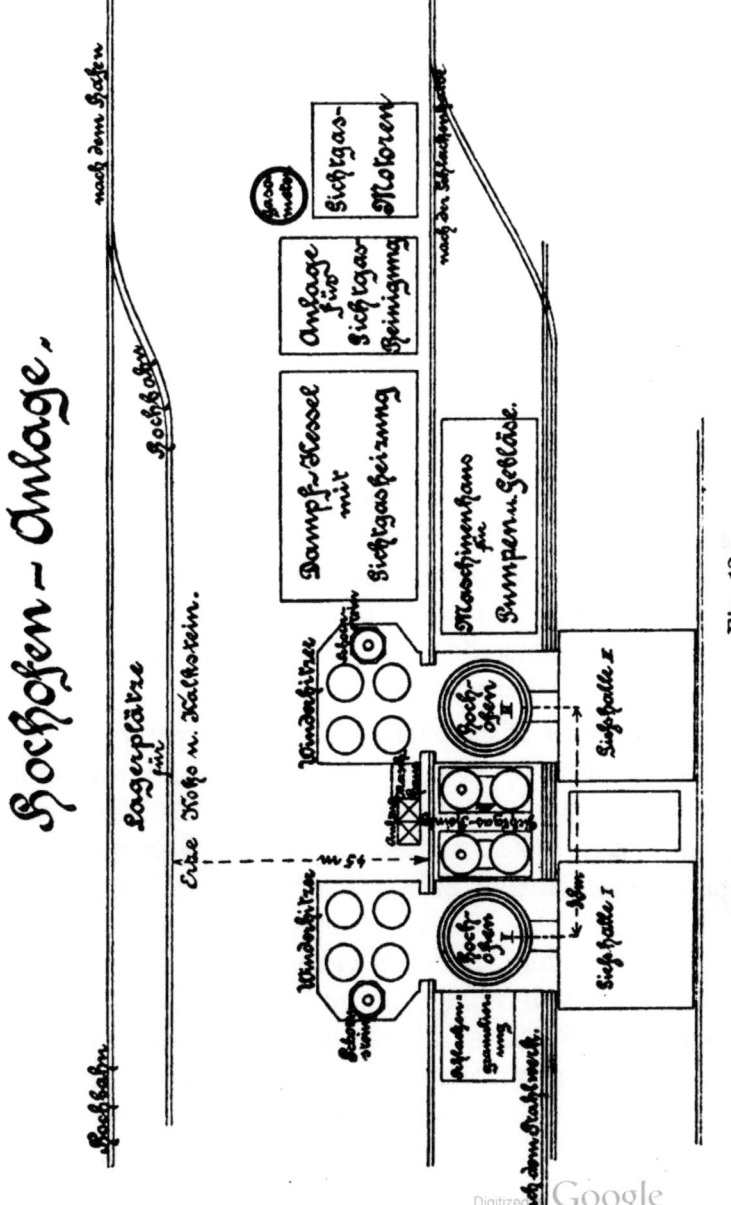

Fig. 12.

des Aufbaus für noch größere Öfen im Verhältnis zur Ersparnis an Koks bedeutend höher werden. Auf 1 cbm Inhalt rechnet man 400 kg Roheisenerzeugung. Innerhalb 24 Stunden werden bei 500 cbm Inhalt zwischen (150 ÷ 230) Tonnen Roheisen gewonnen, je nachdem ein Erz verhüttet wird. Diese Zahl zeigt uns deutlich, welche Fortschritte auf diesem Gebiete zu verzeichnen sind.

Die Dauer eines Hochofens währt durchschnittlich (7 ÷ 11) Jahre. Ein Hochofen kostet (2 ÷ 300 000) Mark, wovon das feuerfeste Material einen Betrag von (60 ÷ 70 000) Mark ausmacht.

Der Bau der Winderhitzer. Die Erfindung eines Deutschen, Namens Faber du Faur, in Wasseralfingen, den Wind mit Hilfe der Gichtgase zu erwärmen, erregte bei den Hüttenleuten der ganzen Welt berechtigtes Aufsehen. Nachdem sie nun viele Entwickelungsstufen durchgemacht hat, wollen wir sie in ihrem heutigen Stand betrachten.

Die neuen Winderhitzer (auch Cowperapparate genannt) werden in gewaltigen Dimensionen ausgeführt, indem man den erwärmten Wind im Hochofenbetriebe immer mehr schätzen lernte. Beim Verbrennen der gleich großen Menge Koks mit erwärmtem Wind werden im Hochofen viel höhere Temperaturen erzielt als bei der Verwendung kalten Windes. Das Prinzip, nach dem die Winderhitzer ausgeführt sind, ist: **einen Körper zeitweise stark zu erhitzen, um ihm nachher die aufgenommene Wärme teilweise wieder zu entziehen.** Man verbrennt einen Teil der aus dem Hochofen kommenden Gichtgase und läßt die hocherhitzten Verbrennungsprodukte über Mauerwerk hinstreichen, welches dadurch bedeutend erwärmt wird.

Der Hochofen und seine Hilfsapparate.

Hierauf führt man den kalten Wind an den erwärmten Wandungen vorüber, deren Wärme er nun teilweise aufnimmt und als heißer Wind in den Hochofen gelangt. Auf Taf. III und IV sehen wir Schnitte durch einen Winderhitzer geführt. Er besteht im wesentlichen aus einem Cylinder von feuerfestem Mauerwerk, der oben durch eine Kuppel abgeschlossen ist. Den Cylinder und die Haube umgibt in der Entfernung von $5 \div 10$ cm ein starker Blechmantel. Innerhalb des Cylinders ist ein Schacht von ovalem Querschnitt eingebaut. In diesen münden drei Leitungen. Von unten kann durch das Ventil v_1 Gichtgas eingeleitet werden, das durch drei kleine Schlitze (g g) nach dem durch zwei Wände abgeteilten Verbrennungsschacht gelangt. Die Luft wird in den eingebauten Kanälen l_1 etwas erwärmt und tritt aus den drei Öffnungen L und l_1 in den Schacht. Über der Luftleitung ist die Heißwindleitung (e W) angeordnet, welche mit feuerfesten Steinen $(250 \div 400)$ mm stark ausgemauert wird. Durch diese Leitung führt man den heißen Wind nach dem Verteilungsrohr am Hochofen, von wo aus er in die Düsenstöcke und vermittelst der Düsen nach den Windformen kommt.

Gitterartig versetzte, feuerfeste Steine füllen den im gemauerten Cylinder übrig gebliebenen Raum aus und ruhen auf einem gußeisernen oder aus feuerfesten Steinen gebauten Roste. Die entstandenen Kanäle haben quadratische Querschnitte von $(2 \div 400)$ qcm Inhalt und eine Wandstärke von $50 \div 60$ mm. Statt der quadratischen Querschnitte sind auch runde, sechs- und achteckige verwendet, wozu besonders gelochte, feuerfeste Steine hergestellt werden. Die nach dem Verbrennungsschacht zu liegenden haben einen kleineren Querschnitt als die äußeren, um die Gase zu zwingen durch alle Kanäle hindurchzugehen. Unterhalb des Rostes befindet sich eine Austrittöffnung v_2 für die verbrannten Gase, sehr oft sind $(2 \div 3)$ ausgeführt. Die Leitungen nach den Ventilen v_1 und v_2 sind mit Blendscheiben ausgerüstet, um den Cowperapparat luftdicht abschließen zu können. Der zu erhitzende Wind kann durch die etwas oberhalb angebrachte **Kaltwindleitung** (kW) eintreten. Die Oberfläche der Kanäle und des Schachts bilden die Heizfläche eines Winderhitzers, sie beträgt im Durchschnitt $(3 \div 5000)$ qm und das Gewicht der dazu gebrauchten Steine beläuft sich auf $(1000 \div 1200)$ Tonnen. Man rechnet für 1 cbm Wind, welcher in der Minute zu erhitzen ist, 2 qm Heizfläche. Die Temperaturschwankung des Windes während seiner Erhitzung in einem Cowperapparat ist ungefähr 50^0 Celsius und wird der Berechnung des Winderhitzers zu Grunde gelegt.

Die neueren Winderhitzer haben einen Durchmesser von $(6 \div 7)$ m, eine Höhe von $(30 \div 35)$ m und kosten $(60 \div 100\,000)$ Mk. Für die Aufrechterhaltung eines geordneten Betriebes sind $(3 \div 5)$ Cowperapparate nötig.

Die **Gießhalle** wird gebaut, um einen geschützten Raum zum Gießen der Masseln (Gänsen) zu haben und besteht aus einer leichten Eisenkonstruktion. Das Roheisen fließt auf dem etwas geneigten Boden der Gießhalle in Rinnen, welche aus Sand geformt sind und erstarrt dort zu Masseln. Heute werden auch Masselgießmaschinen eingerichtet, weil sie weniger Raum beanspruchen und ein sofortiges Verladen der Masseln gestatten. Die Kosten einer Gießhalle berechnen sich auf ungefähr $(10 \div 15\,000)$ Mk.

Der Hochofen und seine Hilfsapparate.

Der Wind wird von liegenden oder stehenden mehrcylindrigen Gebläsemaschinen mit Dampfbetrieb geliefert. Die Benützung von Wasserkraft- oder Gichtgasmotoren zum Betrieb der Gebläsemaschinen ist selten. Der Wind erhält einen Überdruck von $(0{,}3 \div 1)$ kg auf 1 qcm. Man rechnet für 1 kg Koksverbrauch etwa 4,5 cbm Wind. Bei einer Tageserzeugung von 200 Tonnen Roheisen sind demnach (eventuelle Verluste eingerechnet) 830 000 cbm = 1000 Tonnen Wind nötig. Die Gebläsemaschinen liefern $(500 \div 1300)$ cbm Wind in der Minute von der oben erwähnten Spannung. Der Wind wird direkt in dem Gebläsehaus oder in nächster Nähe eingesaugt, wobei möglichst auf staubfreie Luft zu achten ist. Die Ventile sind im Boden und Deckel des Gebläsecylinders eingebaut und mit Dichtungsringen versehen. Die Veränderung der Tourenzahl ist die erste Bedingung, welche der Hüttenmann an die Gebläsemaschinen stellen muß, als zweite ein solider, kräftiger Bau und die Möglichkeit schneller Reparatur. Im allgemeinen beträgt die Anzahl der Umdrehungen in der Minute $30 \div 50$. Schnelllaufende Gebläsemaschinen haben sich bis jetzt wenig eingeführt. Der Dampf für die Maschinen hat gewöhnlich eine Spannung von $7 \div 9$ kg auf 1 qcm. Die Leistung der Gebläsemaschinen in Pferdestärken ausgedrückt beläuft sich auf $(500 \div 1500)$ P. S. Der Ankaufswert ist $100 \div 200\,000$ Mark.

Der Gichtaufzug fördert für zwei Hochöfen das Beschickungsmaterial. Gewöhnlich ist er doppeltwirkend angeordnet, d. h. der eine Förderkorb hebt sich, der andere wird gesenkt. Es werden $(2 \div 4)$ Wagen (Hunte) auf einmal gefördert. Um im Falle des Versagens von einem Gichtaufzug eine Betriebsstockung zu vermeiden, ist jeder Hochofen (Fig. 9) mit einem Aufzug versehen, die ihrerseits wieder mit einer Brücke verbunden sind. Durch diese Anordnung erreicht man, daß zwei Hochöfen mit einem Gichtaufzug ihre Beschickung erhalten. Eine tägliche Roheisenerzeugung von 200 Tonnen vorausgesetzt ergibt, daß der Gichtaufzug bei einem Ausbringen von 40 %

$$\begin{array}{rl} 550 \text{ Tonnen} & \text{Erz,} \\ 100 \quad „ & \text{Kalk,} \\ \underline{200 \quad „} & \underline{\text{Koks,}} \\ 850 \text{ Tonnen} & \text{Material} \end{array}$$

zu heben hat. Eine kleine Fördermaschine mit $(60 \div 100)$ Pferdestärken oder ein einfacher Dampfkolben in Verbindung mit einem Flaschenzug werden zum Heben der Last aufgestellt. Der Gichtaufzug mit Maschine erfordert ungefähr einen Aufwand von $(50 \div 60\,000)$ Mk.

Die Roheisenpfannen (R. P.) sind zum Kippen eingerichtet und aus Eisenblech konstruiert. Sie werden innen mit $(1 \div 2)$ Lagen feuerfester Steine ausgemauert und haben einen Fassungsraum für $(10 \div 15)$ Tonnen Roheisen.

Die Schlackenwagen sind in neuerer Zeit gleichfalls mit einer Kippvorrichtung versehen, um die erstarrte Schlackenmasse leicht entfernen zu können. Der Inhalt schwankt zwischen $(1 \div 2)$ cbm. Das rollende Material für den Betrieb kann immerhin zu $(20 \div 40\,000)$ Mark eingeschätzt werden.

Die Gesamtkosten für den Aufbau eines Hochofenwerks mit zwei Hochöfen erfordern ungefähr ein Kapital von 3 Mill. Mark.

Hochofenbetrieb.

Nach vollendeter Erbauung des Hochofens kann derselbe nicht sofort in Betrieb gesetzt werden. Ein

Der Hochofen und seine Hilfsapparate.

sehr langsames Anheizen ist von großem Einfluß auf die Haltbarkeit des Hochofens und der Winderhitzer, darum wird vor der Gestellwand des Hochofens eine Rostfeuerung solange unterhalten, bis die heißen Abgase, welche durch eine Öffnung unten im Gestell in denselben eintreten, die Gestell- und Rastwand merkbar angewärmt haben. Der Hochofen bildet hier gleichsam den Schornstein für diese Rostfeuerung. Das verdunstete Wasser geht als Dampf durch die offene Gicht. Die Unterhaltung der Vorfeuerung dauert etwa 14 Tage. Hierauf werden die Windformen eingesetzt, die Gestellwand zugemauert und die Glocke in die Gicht eingebaut. Der Hochofen wird durch die Gicht bis zu $1/3$ seiner Höhe mit Koks gefüllt.

Zischend und brausend bläst der Wind zum erstenmal in den Hochofen. Um zugleich die im Koks enthaltene Kieselsäure zu einer Schlacke verschmelzen zu können, wird dem Koks etwas Kalk beigegeben. Das entstehende Gichtgas leitet man zu den Dampfkesseln und nach den Winderhitzern. Auf die Koksgichten folgt eine Schlackengicht und diese beiden werden dann im Wechsel eine Zeitlang aufgeschüttet. Statt der Hochofenschlacke setzt man allmählich kleine Erzgichten zu, die langsam bis zum normalen Erzsatz gesteigert werden, wonach der Hochofen in $3 \div 4$ Wochen vollkommen betriebsfähig ist.

Eine normale Koksgicht wird durch Heben der Glocke aus dem Fülltrichter (f) in den Hochofen gestürzt, die sich gleichmäßig in dem freien Raume ausbreitet. Die Masse im Hochofen bewegt sich abwärts, wodurch die aus einer Öffnung im Fülltrichter hervorragende Stange zurücktritt, alsdann wird sie herausgezogen und erst nach einer neuen Gicht wieder auf

58   Der Hochofen und seine Hilfsapparate.

die oberste Schicht gestellt. Nun fällt die rings auf dem Fülltrichter verteilte Erzmasse mit ihren Zuschlägen bei hochgezogener Glocke in den Hochofen. Mächtige Flammen und Dampfwolken steigen empor, weithin leuchtend und verkündend, daß aufs neue Material in den Hochofen gebracht wurde.

Welche Veränderungen gehen mit den Erzen und dem Koks bei ihrer Abwärtsbewegung im Hochofen vor? An Hand der Fig. 8 und 13 wollen wir den Verlauf dieses teils chemischen, teils physikalischen Prozesses näher verfolgen. Naß, wie die Erzmassen vom Möllerhause oder von den Erzlagerstätten kommen, werden sie in den Hochofen geschüttet. In der oberen Zone verdampft das Wasser und wird die Kohlensäure aus den Karbonaten vertrieben. Das Erz und der Koks werden durch die heiß aufsteigenden Gichtgase vorgewärmt, was sich mehrere Schichten hindurch

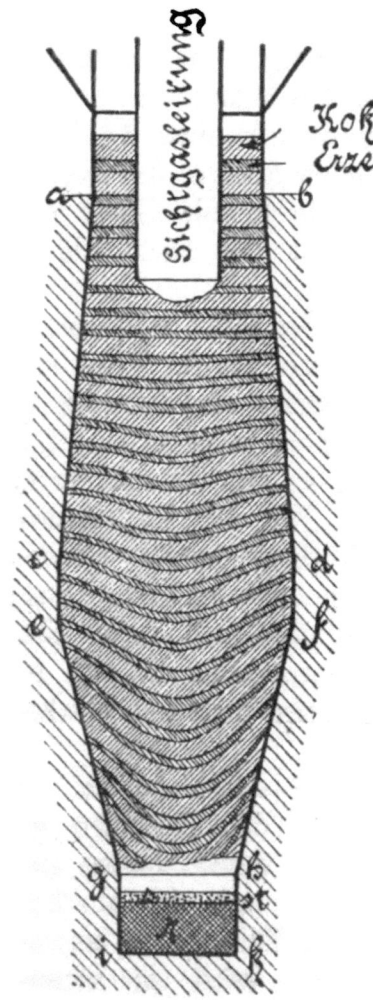

Fig. 13.

erstreckt und als Vorwärmezone bezeichnet wird. Auf etwa 400° Celsius vorgewärmt, beginnt das Erz sich unter der Einwirkung der heißen Gichtgase zu verändern. Die Gichtgase bestehen hier hauptsächlich aus Kohlenoxydgas (CO) und Stickstoff (N). Der letztere hat keinerlei Einfluß auf die Veränderung der Erze. Bei steigender Temperatur wird dem Erz, welches jetzt fast ausschließlich in oxydischer Form vorhanden ist, von dem Gichtgas der Sauerstoff entzogen. Das Eisenoxyd (Fe_2O_3) wird zu Eisen reduziert. Diese Sauerstoffentnahme ist nur dann vollständig, wenn die Erze bei der Temperatur von 800° Celsius nicht schmelzen. Geschmolzenem, mit einer Schlackenschicht überzogenem Erz wird der Sauerstoff allein von glühendem Koks entrissen. In dieser **Reduktionszone** geht das Kohlenoxydgas mit dem Sauerstoff der Erze in Kohlensäure über. Nur ein gewisser Prozentsatz des Kohlenoxydgases wird der Umwandlung in Kohlensäure unterworfen, da der glühende Koks der entstandenen Kohlensäure einen Teil des Sauerstoffs entzieht.

$$CO_2 + C = 2CO.$$

Noch eine zweite chemische Reaktion tritt mit dem Kohlenoxydgas ein. Zwei Moleküle erhitzten Kohlenoxyds zersetzen sich bei der Berührung mit sauerstoffhaltigem Eisen in ein Molekül Kohlensäure (CO_2) und ein Molekül Kohlenstoff (C) von staubfeiner Form. Der Kohlenstoff scheidet sich auf den reduzierten Erzen ab. Das Erz ist hier mit einem Schwamme zu vergleichen, der aus Eisen und den Gangarten besteht. Das Eisen saugt gierig den Kohlenstoff in der Kohlungszone auf und bildet eine Legierung mit demselben.

Jetzt gilt es, diese Legierung niederzuschmelzen. Die nötige Temperatur erreicht der Hüttenmann durch rasches Verbrennen des Koks in der Schmelzzone. Der eingeblasene Wind mit 21% Sauerstoff muß durch Verbrennen des Koks zu Kohlenoxydgas (CO) rasch unschädlich gemacht werden, da sonst das Eisen sich leicht oxydiert und als Eisenoxydul in die Schlacke übergeht.

1 kg Kohlenstoff liefert bei seinem Verbrennen zu Kohlenoxyd 2470 Wärmeeinheiten.

Die schnelle Bildung von Kohlenoxydgas bringt den Vorteil einer Temperatursteigerung. Der hocherhitzte Koks wirkt gleichfalls reduzierend auf sauerstoffhaltige Bestandteile. Wir wissen, daß Mangan viel rascher Sauerstoff aufnimmt als Eisen und ihn auch länger behält. Ähnliche Eigenschaften zeigen Silicium und Phosphor, welche gleichfalls nur durch weißglühenden Kohlenstoff reduziert werden. Dies bedingt für die Erzeugung gewisser Roheisensorten einen größeren Koksaufwand. Vor den Formen (e W) schmelzen die Eisenkohlenstofflegierung und die schlackengebenden Substanzen nieder, beide sammeln sich im Gestell. Hat die Roheisen- und Schlackenschicht die Höhe der Schlackenstiche (s t) erreicht, so öffnet man einen derselben und läßt die Schlacke kontinuierlich ablaufen, bis das Gestell zum Abstich genügend mit Roheisen gefüllt ist. Das Roheisen und die Schlacken werden über ihren Schmelzpunkt erhitzt, damit sie leichter abgestochen werden können.

Zur Erzeugung von 1 kg Roheisen sind (2500÷4000) Wärmeeinheiten erforderlich.

In Fig. 13 ist ein Schnitt durch einen im Betrieb befindlichen Hochofen geführt, welcher 27 Erz- und ebenso viele Koksgichten enthält. Die Zahl der Erzgichten, die innerhalb 24 Stunden durchgesetzt werden, schwankt zwischen (20 ÷ 30). Wir sehen, wie auf dem Weg nach unten die Erze immer mehr gegen die Mitte vorrücken. Das Gestell ist mit flüssigem Roheisen (r) angefüllt, das durch den Abstich (a), Taf. III, abgelassen werden kann. Eine Schlackenschicht schützt dasselbe vor der Oxydation durch den Wind. Das Roheisen wird innerhalb 24 Stunden (2 ÷ 6) mal durch den Eisenstich (a) abgestochen, wobei man 20 ÷ 30 Tonnen Roheisen gewinnt. Eine eiserne Stange mit Stahlspitze wird in den festgebrannten Ton bei a hineingetrieben. Ein gelbrot leuchtender Strom dünnflüssigen Roheisens ergießt sich aus den getrockneten Rinnen entweder in die bereitgestellte Pfanne (R. P.) oder nach der Gießhalle. Gegen das Ende des Abstiches wird kein Wind in den Hochofen geleitet. Das Roheisen muß durch eine aus Ton gefertigte Brücke fließen, welche die Schlacke zurückhält. Um das Gestell von Versetzungen frei zu halten, läßt man nach dem Abstich den Wind wieder an. Nach kurzer Zeit wird er abermals abgestellt, das Abstichloch (a) mit Ton fest verstopft und die gepreßte, erhitzte Luft aufs neue in den Hochofen eingeleitet. Auf diese Weise wiederholt sich der Prozeß im Hochofen jahraus, jahrein.

Betrieb der Winderhitzer. Die Winderhitzer werden langsam angeheizt und hierzu das erste brennbare Gas aus dem Hochofen benützt. Verfolgen wir den Betrieb an einem innerhalb 3 Wochen angeheizten Winderhitzer. Von den 4 Cowperapparaten in Taf. III und Fig. 9 stehen immer zwei im Feuer, der dritte dient zur Erwärmung des Windes und der vierte ist in Reserve. Die Kalt- (k W) und Heißwindleitung (e W) sind durch den Schieber geschlossen und die Ventile v_1, L und v_2 stehen geöffnet. Das Gas tritt beim Öffnen des Ventils v_1 durch 3 Schlitze gg im Gewölbe in den ovalen Verbrennungsschacht. Es trifft über dem Gewölbe mit der in zwei Kanälen l_1 vorgewärmten und der von L kommenden kalten Luft zusammen und verbrennt im Schachte hochsteigend. Die Flamme schlägt über die Brücke, welche sich innerhalb der Kuppel befindet. Die heißen Gase durchziehen die senkrechten Kanäle und gelangen unter dem Rost nach dem Ventil v_2. Die Winderhitzer stehen durch das geöffnete Ventil v_2 mit dem Schornstein in direkter Verbindung. Nach 2 Stunden sind die Wandungen im Winderhitzer weißglühend bei einer Temperatur von 900 $\div$ 1000° Celsius. Die Ventile v_1, L und v_2 werden geschlossen und die Leitungen nach denselben durch eingeschobene Blendscheiben abgedichtet. Die Kalt- (kW) und Heißwindleitung (eW) stehen geöffnet. Der kalte Wind steigt in den Heizkanälen in die Höhe, geht über die Brücke und durch den Verbrennungsschacht abwärts nach der Leitung (eW), welche den nunmehr erhitzten Wind nach dem Hochofen führt. Der Wind macht somit den umgekehrten Weg wie die verbrannten Gase. Die Temperatur des Windes hat nach ungefähr einer Stunde soweit als zulässig abgenommen und das Mauerwerk des Cowperapparates erscheint nur noch rotglühend. Die Windleitungen kW und eW werden hierauf geschlossen. Man öffnet eine Reinigungsklappe an der Seite, welche unten zum Einsteigen und Reinigen der Kanäle angebracht ist; dort tritt dann die noch innerhalb des Cowperapparates sich befindende gepreßte Luft in die Atmosphäre aus. Es wird dadurch das Gleichgewicht zwischen dem inneren und äußeren Druck hergestellt. Jetzt

Der Hochofen und seine Hilfsapparate.

erst dürfen die Ventile v_2, L und v_1 wieder geöffnet werden, und die Erwärmung kann von neuem beginnen. Die Temperatur des Windes beträgt bei den verschiedenen Werken 700 ÷ 1000° Celsius. Die Kanäle der Winderhitzer verengen sich durch den anhaftenden Gichtstaub immer mehr und mehr, weshalb mindestens alle Monate eine Reinigung derselben stattfinden muß. Dies geschieht durch Abfeuern eines Böllers, welcher Snten in den Winderhitzer hineingestellt wird. Der beim uchusse entstehende Luftdruck genügt, den Gichtstaub aus den Kanälen zu entfernen. Häufig werden auch die Kanäle durch Auf- und Abbewegen einer beschwerten Drahtbürste gereinigt, was aber immerhin zehn Tage in Anspruch nimmt. Um derartige Betriebsunterbrechungen zu vermeiden, wird neuerdings gut gereinigtes Gichtgas zum Heizen der Winderhitze verwendet. Bei solchem Verfahren können zugleich einige Winderhitzer erspart werden.

Erzeugnisse des Hochofens.

Das Roheisen, welches uns der Hochofen liefert, zeigt nicht immer ganz gleiche Beschaffenheit, und die Menge, welche wir aus ein und demselben Hochofen erhalten, ist sehr verschieden. Das Weißeisen läßt sich am leichtesten herstellen. Erzeugt z. B. ein Hochofen in 24 Stunden 200 Tonnen Weißeisen, so erhalten wir

beim Betrieb auf graues Roheisen etwa 150 Tonnen,
„ „ „ Spiegeleisen ([10 ÷ 12] % Mangan) 130 Tonnen,
„ „ „ Eisenmangan ([70 ÷ 80] % Mangan) ungefähr 60 Tonnen.

Die Schlacke ist von weittragender Bedeutung für den Hochofenprozeß. Je nach der Darstellung einer

Roheisengattung ist ihre Zusammensetzung verschieden. Bezeichnet man bei einer bestimmten Schlackenmenge den an Silicium gebundenen Sauerstoff (welche vereint Kieselsäure bilden) mit $\mathfrak{S}$ und den an die Basen gebundenen Sauerstoff mit $\mathfrak{B}$, so ist das Verhältnis $\frac{\mathfrak{S}}{\mathfrak{B}}$ von besonderer Bedeutung. Die Basen sind Kalkerde (CaO), Magnesia (MgO), Tonerde Al_2O_3 und Manganoxydul (MnO). Ist der Silicierungsgrad $\frac{\mathfrak{S}}{\mathfrak{B}} = 1$, so haben wir eine Singulosilicatschlacke mit der allgemeinen chemischen Formel ($2\overset{''}{R}O \cdot SiO_2$ oder $2\overset{''}{R}_2O_3 \cdot 3\,SiO_2$). Der Sauerstoffgehalt der Kieselsäure ist gleich dem der Basen. Eine Bisilicatschlacke ($\overset{''}{R}O \cdot SiO_2$ oder $\overset{'''}{R}_2O_3 \cdot 3\,SiO_2$) wird dadurch gekennzeichnet, daß der Sauerstoffgehalt der Säure der doppelte der Basen ist $\left(\frac{\mathfrak{S}}{\mathfrak{B}} = 2\right)$. Die Trisilicatschlacke ($2\overset{''}{R}O \cdot 3\,SiO_2$ oder $2\overset{'''}{R}_2O_3 \cdot 9\,SiO_2$) weist ein Verhältnis $\frac{\mathfrak{S}}{\mathfrak{B}} = 3$ auf.

Die erkaltete **gare** Schlacke hat eine graublaue, oft auch grünliche Farbe. Bei Rohgang im Hochofen fällt eine durch Eisenoxydul schwarz gefärbte Schlacke. Da das Ausbringen meistens 40 % beträgt, so ist die Schlackenmenge größer als das erzeugte Roheisen. Das spezifische Gewicht der Schlacken ist (2,5 ÷ 3), hieraus erklärt sich, daß sie mindestens den doppelten Raum wie das Roheisen einnimmt. Die Kieselsäure bildet bei langsamem Erkalten mit den Basen feste Verbindungen. Kühlt die flüssige Schlacke dagegen im fließenden Wasser rasch ab, so wird nur

Der Hochofen und seine Hilfsapparate.

ein geringer Teil der Kieselsäure an Basen gebunden, was die weitere Verwendung dieser Schlacken möglich macht.

Gichtgas. Das dritte Produkt, das der Hochofen liefert, ist das weiße Gichtgas, welches mit $(3 \div 400)^0$ unter einem Druck von $(5 \div 10)$ cm Wassersäule entweicht. Bei Oberfeuer wurden Temperaturen von 600^0 Celsius gemessen. Im Durchschnitt erhalten wir ein Gichtgas von folgender Zusammensetzung:

$(20 \div 30)\%$ Kohlenoxyd; $(6 \div 12)\%$ Kohlensäure; 60% Stickstoff; 2% Wasserstoff; 1% Methan und 6% Wasser.

Bei 1 kg aufgegebenem Kohlenstoff resultieren 4,5 cbm Gichtgas. 1 cbm dieses Gases wiegt bei 760 mm Barometerstand und 0^0 Celsius 1,3 kg und liefert beim Verbrennen $(700 \div 1000)$ W. E., im Mittel 850 Wärmeeinheiten. Das Gichtgas führt in 1 cbm bis zu 40 gr Gichtstaub mit sich. Dieser besteht aus:

$(20 \div 24)\%$ Kieselsäure; 25% Kalkerde; 2% Magnesia; 10% Tonerde; 1% Eisenoxyd.

Beim Betrieb auf Eisenmangan enthält der Gichtstaub des nunmehr braungefärbten Gichtgases bis zu 30% Manganoxyduloxyd.

Man leitet das Gas zur Entfernung des Gichtstaubes nach den Reinigern, die aus einem Blechcylinder von $4 \div 5$ m Durchmesser mit einem Wasserverschluß bestehen. Das Gas geht langsam durch die

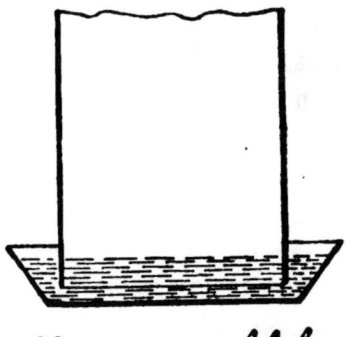

Wasserverschluß.

Fig. 14.

Reiniger hindurch und setzt dort einen großen Teil des Staubes ab, welcher dann unten mittelst Krücken aus dem Wasser entfernt wird. Häufig wird dem Gasstrom Wasser entgegengespritzt, um den Gichtstaub zum rascheren Niederschlagen zu zwingen. Auf die Verwendung des Gichtgases kommen wir später noch zu sprechen.

Darstellung der Roheisengattungen.

Das graue Roheisen erfordert zu seiner Erzeugung einen größeren Aufwand an Koks, weil die Kieselsäure nur direkt vom Kohlenstoff zu Silicium reduziert wird. Da es ferner erst bei 1200° Celsius schmelzbar ist, bedarf es einer höheren Temperatur als Weißeisen. Die Erzgichten dürfen keinen großen Mangangehalt aufweisen und nicht zu schwer reduzierbar sein. Aus diesen Gründen verhüttet man zur Darstellung grauen Roheisens: geröstete Spharösiderite, Brauneisenerze (wie Minette, Bohnerze) und Roteisensteine. Auf 1000 kg erzeugten Roheisens rechnet man einen Koksverbrauch von $(1050 \div 1150)$ kg und somit auf 1 Tonne Koks einen Erzsatz von 2500 kg Erz. Die Windtemperatur wird höher gehalten als bei den anderen Roheisenarten, sie beträgt $(900 \div 1000)°$ Celsius. Das Niederschmelzen darf nicht zu schnell vor sich gehen, da sonst eine Reduktion der Kieselsäure (SiO_2) nicht erfolgt. Man bildet bei der Roheisenerzeugung einen solchen Möller, daß die entstehende Schlacke ein Singulosilicat bildet. Der Kieselsäuregehalt in der Schlacke ist etwas niedriger als zu einem normalen Singulosilicat erforderlich. Die Zusammensetzung ist:

Darstellung der Roheisengattungen.

(30 ÷ 35) % Kieselsäure (40 ÷ 45) % Kalkerde (1 ÷ 2) % Magnesia
(4 ÷ 5) % Schwefelcalcium (10 ÷ 15) % Tonerde
(1 ÷ 1,5) % Eisenoxydul.

An Basen sind insgesamt (50 ÷ 55) % vorhanden. Die Selbstkosten auf die Tonne Roheisen können zu 50 Mk. veranschlagt werden.

Bei grauem Holzkohlenroheisen ist die Windtemperatur etwa $(350 \div 400)^0$ Celsius. Für 1000 kg erzeugten Roheisens verbraucht man 950 kg Holzkohle. Die Analyse der Schlacke ergibt, daß diese zwischen einem Singulo- und Bisilicat schwankt.

Weißes Roheisen. Man mischt (gattiert) die Erze bei der Herstellung weißen Roheisens derartig, daß eine vollständige Singulosilicatschlacke entsteht. Die Temperatur im Hochofen braucht nicht sehr hoch zu sein, um sie am Steigen zu hindern, gibt man im Verhältnis zum Koks mehr Erz (z. B. auf 1000 kg Koks 2800 kg Erz). Für 1000 kg weißes Roheisen sind (900 ÷ 950) kg Koks erforderlich. Der Mangangehalt der Erze muß um $1/3$ höher sein als der des Weißeisens, weil sonst Kieselsäure reduziert wird. An Erzen werden Minette, Rasenerze, Magneteisensteine verwendet. Der Phosphor in den Erzen geht bei Gargang vollständig in das Weißeisen über. Die Analyse der Schlacken lautet:

30 ÷ 40 % Kieselsäure (36 ÷ 40) % Kalkerde (2 ÷ 5) % Magnesia (2 ÷ 7) % Manganoxydul
(2 ÷ 5) % Schwefelcalcium (5 ÷ 12) % Tonerde (1 ÷ 2) % Eisenoxydul.

Die Basen betragen insgesamt (55 ÷ 60)%. Die Tonne Thomaseisen kommt die Hütte auf cr. 30 Mark zu stehen.

Auf 1000 kg erzeugten weißen Holzkohlenroheisens rechnet man einen Verbrauch von 800 kg Holzkohle. Die Windtemperatur erreicht die Höhe von 350° Celsius.

Spiegeleisen: Die Reduktion des Mangans wird durch Kohlenoxydgas nur unbedeutend vollzogen. Der weißglühende Koks allein vermag dem Mangan den Sauerstoff zu entreißen. Es ist deshalb bei Spiegeleisenerzeugung ein erhöhter Aufwand an Koks nötig. 2300 kg geröstete Spateisensteine, etwas Manganerze brauchen 1100 kg Koks, um 1000 kg Spiegeleisen (10 ÷ 12% Mangan) zu erhalten. Die Temperatur des Windes ist im allgemeinen zwischen (8 ÷ 950)° Celsius zu nehmen. Als Erze für die Darstellung des Spiegeleisens finden die phosphorarmen, manganreichen gerösteten Spateisensteine, einige Roteisensteine und Manganit Verwendung. Sie müssen leicht reduzierbar sein, weil hierdurch die Kohlenstoffaufnahme erhöht wird. Die Schlacken sind basisch und stehen einem Singulosilicate $\left(\frac{S}{B} = 0{,}8 \div 0{,}9\right)$ nahe.

Die Untersuchung der Schlacken ergibt:

30 ÷ 35% Kieselsäure	(35 ÷ 42)% Kalkerde	(6 ÷ 8)% Magnesia	(2 ÷ 10)% Manganoxydul
	(4 ÷ 5)% Schwefelcalcium	(8 ÷ 10)% Tonerde	1% Eisenoxydul.

Der Gesamtgehalt der Basen ist (55 ÷ 60)%.

Darstellung der Roheisengattungen.

Eisenmangane: Der Hüttenmann bedarf zur Erzeugung der hochprozentigen Eisenmangane fast ausschließlich der Manganerze, wie Manganit, Hausmannit. Ein Teil des Mangans geht in die Schlacke, ein anderer Teil verflüchtigt sich und wird durch die Gichtgase abgeführt. Diese sind dann durch die Mangandämpfe braun gefärbt. Für 1000 kg Eisenmangan ([70 ÷ 80] % Mangan) braucht man (1900 ÷ 2000) kg Koks. Der bedeutende Koksverbrauch ist aus der schweren Reduktion des Mangans, dem größeren Kohlenstoffgehalt der Eisenmangane und der höheren Temperatur zum Schmelzen der reduzierten Massen zu erklären. Um die Temperatur der Gichtgase zu erniedrigen und das Schachtmauerwerk zu schonen, sind bei einem auf Ferromangan gehenden Hochofen viele Kühlkasten bis hinauf an die Gicht eingebaut. Ein weiteres wirksames Mittel zur Verminderung der Temperatur ist: den Zuschlag wie bei der Darstellung der anderen Roheisenarten in Form von Kalkstein (Calciumkarbonat, nicht Kalkerde [CaO]) zu geben. Beim Betrieb zeigt sich leider oft das Oberfeuer, welches darin besteht, daß die Gichtgase mit höherer Temperatur (600°) aus dem Hochofen treten und die Reduktionszone immer mehr der Gicht zu wandert. Die Schlacke ist stark basisch, ihr Silicierungsgrad $\frac{S}{B} = 0{,}5 \div 0{,}7$ und ihre Zusammensetzung:

(23 ÷ 27) %	(40 ÷ 45) %	(1 ÷ 2) %	(5 ÷ 15) %
Kieselsäure	Kalkerde	Magnesia	Manganoxydul
	(4 ÷ 5) %	(10 ÷ 15) %	
	Schwefelcalcium	Tonerde	1 % Eisenoxydul,

also demnach 63 % an Basen.

Betriebsstörungen und Ausblasen eines Hochofens.

Bei den kleinen Holzkohlenhochöfen ist der Betrieb ein überaus peinlicher. Die Erze und Zuschläge müssen vorsichtig gemöllert werden, denn die geringste Unregelmäßigkeit im Möller ruft Betriebsstörungen und somit Rohgang hervor. Das einseitige Niedergehen der Erzmassen ist gleichfalls eine Ursache des Rohganges, welcher durch das Aussehen der Schlacken sofort erkenntlich ist. Die entstandene Schlacke weist einen höheren Eisengehalt auf, ihre sonst hellgrüne Farbe ist verschwunden, und sie hat nun eine schwarze Färbung angenommen. Das Roheisen wird dickflüssig und sprüht beim Abstechen lebhaft Funken. Vor den Formen bilden sich erstarrte Eisenmassen, welche schnell entfernt werden müssen, um ein Einfrieren des Hochofens zu vermeiden. Die Glut im Hochofen wird dann gelbrot.

Die Betriebsstatistik weist bei den großen Kokshochöfen seltener einen Rohgang auf. Er ist auch hier an der schwarz gewordenen Schlacke zu erkennen und an den Gichtgasen, welche gelblicher und weniger reichlich aus den Winderhitzern austreten. Bei Abnahme der Temperatur im Hochofen wird der Erzsatz geringer genommen, während der Kokssatz unverändert bleibt. Da aber eine Wirkung dieser Maßregel erst nach etwa 24 Stunden eintritt, so muß man sich bis dahin mit heißerem Wind behelfen; eine kleinere Windmenge wird in den Hochofen geblasen, um den Schmelzgang zu verringern. Das Einspritzen von Erdöl (oder Naphta) in den Düsenstock leistet hier ebenfalls gute Dienste. Der heiße Wind reißt das verflüchtigende Erdöl mit sich in den Hochofen, wo es unter starker Wärmeentwickelung verbrennt.

Weitaus am gefährlichsten ist das **Hängen** und das dadurch hervorgerufene Stillstehen der Gichten. Es hat sich dann innerhalb der Rast ein Gewölbe gebildet, das durch die niederschmelzenden Massen immer größere Dimensionen annimmt. Durch schnelles Abstellen des Windes kann das Gewölbe mitunter zum Einstürzen gebracht werden. Dabei entstehen leicht gewaltige Explosionen, welche die Umgebung erschüttern und oft bedeutenden Schaden durch Zertrümmerung anrichten. Die Entstehungsursachen sind zu schlanke Ofenschächte, schlechter Koks und mulmige nasse Erze.

Das flüssige Roheisen verschafft sich häufig selbst einen Ausweg und bricht an irgend einer Stelle der Gestellwand oder des Bodensteines durch. In mächtigem Strome fließt es dahin, alles zerstörend, was es in seinem Laufe hemmt. Die entstandene Öffnung wird durch feuerfesten Ton (oder solchem mit Teer vermischt) wieder verstopft.

Bei den Betriebsstörungen zeigt sich die Umsicht des Betriebsleiters. Ruhig und sicher erteilt er seine Befehle, selbst zugreifend, wenn die Not es erheischt. Die **Durchbrüche** lassen sich leicht reparieren. Der Rohgang dagegen erfordert eine lange vorsichtige und sachgemäße Behandlung des Hochofens, ehe der Gargang aufs neue hergestellt ist.

Außerordentliche Veranlassungen (wie Streik, Krieg, schlechte Konjunktur u. dgl.) können zum **Dämpfen** oder **Ausblasen** des Hochofens zwingen. Beim Dämpfen des Hochofens sticht man das Roheisen ab, füllt den Hochofen mit Koks und etwas Kalk und vermauert alle

Öffnungen luftdicht. Der Hochofen hält auf diese Weise ein Halbjahr lang seine Wärme, ohne einzufrieren.

Hat der Hochofen lange genug gedient oder bedarf das Mauerwerk einer gründlichen Reparatur, so schreitet man zum Ausblasen desselben. Statt der Erz- und Koksgichten wird eine Zeit lang Hochofenschlacke in Stücken aufgegeben. Erscheinen nun vor den Windformen keine schmelzenden Massen mehr, dann entfernt man die Düsenstöcke, Windformen und den Rastmantel. Das Gestell (unten aufgebrochen) stürzt mit der Rast zusammen und die im Hochofen sich befindenden Massen fallen heraus.

Die Verwendung der Nebenprodukte.

Die Schlacken fallen in so ungeheurer Menge beim Hochofenbetrieb, daß man große Schlackenhalden anlegen mußte. Es türmen sich dort die erstarrten Massen zu hohen Bergen auf und bedecken große Flächen fruchtbaren Bodens. Daher hat es nicht an Versuchen gefehlt, für die Schlacke eine Verwendung zu finden. Sie wird etwas zerkleinert zu Straßenbauten oder zum Versetzen der Grubengänge benützt. Wir sprachen früher von den Erzeugnissen des Hochofens und erwähnten dort, daß bei den im Wasser rasch erkalteten Schlackenarten die Kieselsäure nicht ganz an die Basen gebunden wird. Diese freie Kieselsäure vermag mit Basen noch Verbindungen einzugehen. Es wird daher sehr oft die Schlacke direkt aus dem Hochofen in fließendes Wasser geleitet und granuliert. Der entstandene Schlackenkies bildet das Ausgangsmaterial für die Herstellung der Schlackenziegel. Er wird in nassem Zustand mit 10 % gebranntem Kalk

Die Verwendung der Nebenprodukte.

vermengt und zu Steinen gepreßt. Eine Presse stellt innerhalb 10 Arbeitsstunden aus 35000 kg granulierter Schlacke und 3000 kg gebranntem Kalk mit dem nötigen Wasser etwa 10000 Stück Schlackensteine her. Nach 6 Wochen sind die Ziegel unter Einwirkung der Luft steinhart geworden und weisen im Durchschnitt eine Bruchbelastung von 130 kg auf 1 qcm auf. Bei fünffacher Sicherheit ist immerhin eine Belastung von 15 kg zuzulassen.

Aus der granulierten Schlacke wird auch Schlackenzement hergestellt. Die feingemahlene Schlacke von der mittleren Zusammensetzung

(50 ÷ 55) % Kalkerde   (0,5 ÷ 1) % Schwefelcalcium
(12 ÷ 20) % Tonerde   (27 ÷ 32) % Kieselsäure
(1 ÷ 1,5) % Magnesia

wird mit (20 ÷ 25) % gebranntem, etwas angefeuchteten Kalk vermengt und in Kugelmühlen das ganze Gemisch durchgemahlen.

Die Analyse eines Schlackenzements ergibt:

(50 ÷ 52) %   (12 ÷ 15) %   2 % Magnesia   (23 ÷ 24) %
Kalkerde   Tonerde   Kieselsäure.

Selbst **Portlandzement** kann mittelst dieser Schlackenart gewonnen werden. Leitet man Wasserdampf in die flüssige Schlacke, so erhält man **Schlackenwolle**, welche als feuerfestes Ausfüllmaterial gebraucht wird.

Die **Gichtgase** finden vielseitige Verwendung. Sie werden vor allen Dingen zum Erhitzen der Cowperapparate benützt. Bei der Erzeugung einer Tonne Roheisen erhält man durchschnittlich 4500 cbm Gichtgas; davon werden von den Winderhitzern etwa

30 ÷ 40 % beansprucht. Die Dampfkessel in einem Hochofenwerk haben für eine Tonne Roheisen 60 kg Dampf von 7 ÷ 9 kg Überdruck zu liefern und verbrauchen dazu 35 ÷ 40 % der gewonnenen Gichtgase. Bei Abrechnung eines Gasverlustes von 12 % infolge der Beschickung bleiben ungefähr für die Tonne Roheisen 1000 cbm Gichtgase übrig, welche neuerdings nicht unter Dampfkesseln verbrannt, sondern in Gichtgasmotoren bedeutend nutzbringender verwendet werden. Diese 1000 cbm leisten in den Motoren innerhalb 24 Stunden rund 10 Pferdestärken, während bei der Umsetzung in Dampf nur 3 Pferdestärken gewonnen werden. In einer Pferdekraftstunde werden 3,4 ÷ 3,8 cbm Gichtgas verbraucht. Die Gichtgase bedürfen aber vor ihrem Gebrauch in den Motoren einer sorgfältigen Reinigung, um den von ihnen mitgeführten Gichtstaub zu entfernen. Sie werden in weiten Leitungen nach mit Sägespänen gefüllten Kasten geführt, welche die Gichtgase alsdann unter Zurücklassung des Gichtstaubes durchziehen. Der Gichtstaub kann aber auch beim Aufsteigen durch mit Wasser berieselte Koks- oder Schlackenwolleschichten zurückgehalten werden. Mehrere hintereinander angeordnete durchlöcherte Bleche dienen ebenfalls als Ersatz für die Sägespäne. Statt dieser Kasten werden auch Ventilatoren mit Erfolg benützt. 1 cbm Gichtgas enthält dann nur noch 0,01 g Gichtstaub.

Der Kupolofen und seine Verwendung.

Der Kupolofen ist ein Schachtofen von kreisrundem, bisweilen auch ovalem Querschnitt, wovon in Fig. 15 ein Längsschnitt ausgeführt ist. Die durchschnittliche Weite der Kupolöfen beträgt 0,5 ÷ 1,5 m und die Höhe

Der Kupolofen und seine Verwendung.

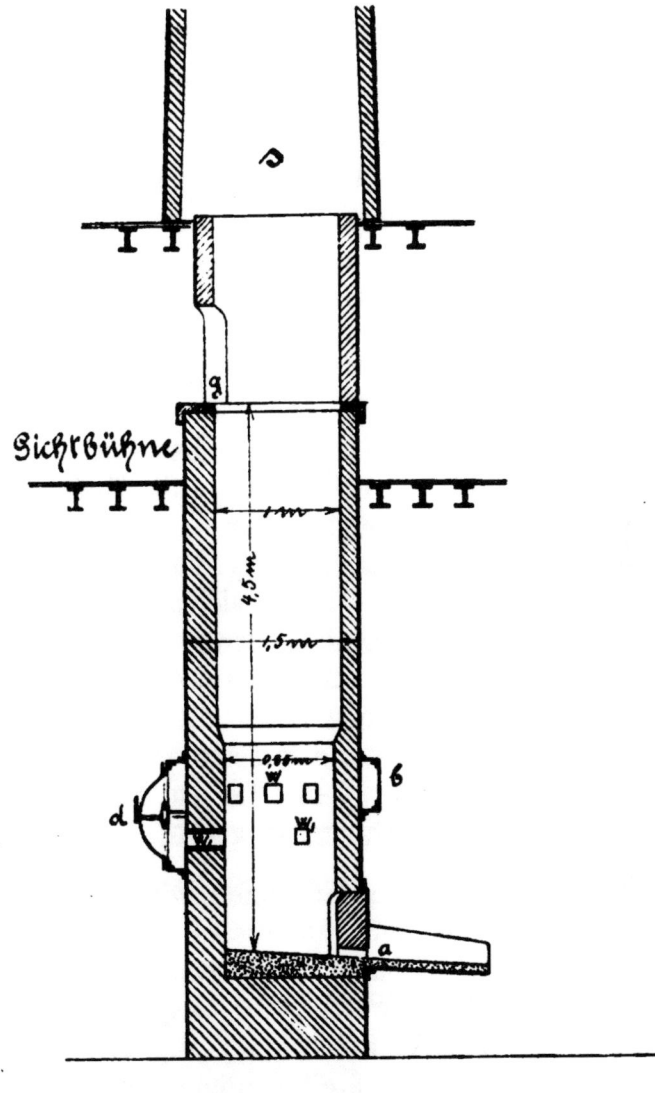

Cupol-Ofen.

Fig. 15.

schwankt von 3 ÷ 6 m. Zum inneren Aufbau ist feuerfestes Material gebraucht, welches beim Schmelzen von grauem Roheisen etwa 60 Chargen und Spiegeleisen 30 Chargen aushält. Ein Blechmantel umgibt das Mauerwerk. Das Abstichloch (a) für das Roheisen und die Schlacke wird mit Ton verstopft. Mitunter ist ein besonderer Schlackenstich dem Eisenstich (a) gegenüber in 0,5 ÷ 1 m Höhe angeordnet. In einer Höhe von 0,8 m über dem Boden des Kupolofens sind 3 Windformen W_1 angebracht. Der Wind tritt durch die Drosselklappe (d) zu den Windformen W_1. Außer den 3 Windzuleitungen W_1 befinden sich 0,2 m darüber 6 Windformen W. Der Wind selbst wird in den Blechkasten b eingeleitet und öfters mit Hilfe eines Rootschen Gebläses erzeugt. Der Gesamtquerschnitt der Windformen ist etwa $1/4 \div 1/8$ des Schachtquerschnitts in der Schmelzzone. Sehr vielfach sind die Windöffnungen auf dem Umfang längs einer Schraubenlinie verteilt oder alle in einer Formebene angebracht. Die mit g bezeichnete Stelle bildet die Gichtöffnung, durch welche Koks, zerkleinerte Masseln und etwas Kalk aufgegeben wird. Über dem Ofen ist ein Schornstein (s) zum Abziehen der Gichtgase gebaut.

Betrieb. Der Kupolofen wird durch ein Holzfeuer angewärmt und auf dieses allmählich Koks geworfen bis der Schacht zu einem Drittel seiner Höhe gefüllt ist. Der Wind wird angelassen und nach einiger Zeit das Abstichloch (a) zugemacht. Der Ofen erhält abwechselnd Koksgichten und Roheisen; zu einer Beschickung rechnet man auf 800 qcm Schachtquerschnitt:

70 kg Koks; 900 kg Roheisen und etwa 15 kg Kalk,

wobei ungefähr 1000 kg Roheisen in einer Stunde geschmolzen werden können. Der Wind tritt mit einer Pressung von $(0,03 \div 0,06)$ kg auf 1 qcm durch die 9 Windformen W und W_1 ein. 1 kg Koks erfordert zu seiner Verbrennung etwa 7 cbm kalten Wind, dabei haben die Gichtgase eine durchschnittliche Zusammensetzung:

5,5 % Kohlenoxyd; 21 % Kohlensäure und 73 % Stickstoff.

Der Abbrand an Roheisen beträgt $4 \div 5$ % des Eingesetzten.

Der Kupolofen findet zum Umschmelzen von grauem Roheisen und Spiegeleisen Verwendung. Das umgeschmolzene graue Roheisen (Gußeisen genannt) wird in Eisengießereien und Stahlwerken gebraucht. Es ist sehr dünnflüssig. Der Bruch hat ein feinkörniges Gefüge von grauem Aussehen. Das Gußeisen schwindet beim Erstarren um 1 %, worauf bei der Anfertigung der Modelle ganz besonders zu achten ist. Gutes Gußeisen soll nicht mehr als 1,8 % Phosphor enthalten; in der Regel ist der Gehalt nur $(0,5 \div 1)$ %.

Die Analyse des grauen Roheisens ergibt:

	C	Si	Mn	P
vor dem Umschmelzen	3,45	2,45	0,90	1,0
nach dem Umschmelzen	3,50	1,95	0,70	1,0

Die Abnahme an Silicium beträgt etwa 20 %, je nach dem Mangangehalt. Die Schlackenzusammensetzung schwankt ganz beträchtlich. Es folgt hier die Analyse einer kalkreichen Schlacke:

38,8 % Kalkerde; 5,32 % Eisenoxydul; 45,6 % Kieselsäure.

78   Der Kupolofen und seine Verwendung.

Das Spiegeleisen erfährt durch das Umschmelzen ebenfalls einige Veränderung, wie unten ersichtlich:

	C	Si	Mn	P
vor dem Umschmelzen . .	4,4	0,12	14,25	0,07
nach dem Umschmelzen .	4,6	0,49	10,2	0,07

Das geschmolzene Spiegeleisen wird als Zusatz bei der Flußeisenerzeugung verwendet.

Die Gesamteinrichtung mit zwei Kupolöfen kostet etwa 30 000 Mark.

Mischer.

Ein größeres Stahlwerk weist ungefähr eine tägliche Erzeugung von 1000 Tonnen Flußeisen auf. Hierzu wird eine Roheisensorte in mehreren Hochöfen mit gleicher Beschickung dargestellt, dennoch zeigt das erzeugte Roheisen aus den einzelnen Hochöfen einige Verschiedenheit in seiner Zusammensetzung. Um nun ein gleichmäßiges Ausgangsmaterial zur Vereinfachung des Betriebes zu erhalten, werden sämtliche Abstiche in Mischer gebracht und innig vermengt. Zugleich erreicht man im Mischer auch die Entschwefelung des Roheisens.

In Fig. 16 ist ein Mischer mit einem Inhalt für 250 Tonnen Roheisen gezeichnet. Die Birne besteht aus einem Blechmantel von 25 mm Stärke und ist bis zu der Grenzlinie g mit zwei Lagen basischen (b f) und darüber mit zwei Schichten feuerfesten sauren Steinen (s f) 400 mm dick ausgemauert. Die basischen Steine sind aus gebranntem Dolomit und Teer hergestellt und sollen nicht so leicht durch das Roheisen

Der Kupolofen und seine Verwendung.

zerstört werden. Zwischen der Ausmauerung und dem Blechmantel befindet sich ein 5 ÷ 10 cm starkes Futter aus feuerfestem Material. Die **Birne** ist auf der Hartgußwalze (r) gelagert und mittelst des Wasserdruckcylinders zum Kippen eingerichtet. Von einem

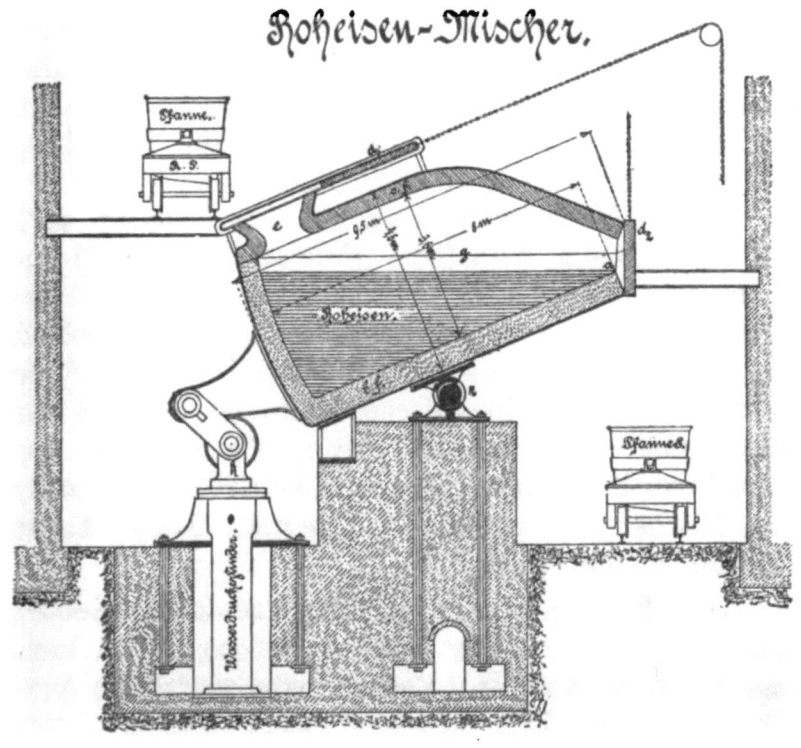

Fig. 16.

Wasserakkumulator aus wird Druckwasser (von etwa 35 Atm.) in den Wasserdruckcylinder geleitet und dadurch der Kolben (k) gehoben.

Betrieb. Der angewärmte Mischer wird nach Hochziehen des Deckels d_1 durch die Öffnung (e) z. B. mit Thomaseisen gefüllt, welches vom Hochofen flüssig in die Pfanne (R. P.) herübergeführt wird. Eine neue Charge wird nun dem im Mischer befindlichem Roheisen beigemengt. Hierauf wird die Birne etwas gekippt und ein Teil dieser Mischung fließt durch die Mündung (a) in die Pfanne (S), welche $10 \div 15$ Tonnen Inhalt hat. Innerhalb 24 Stunden ist dann der Einsatz im Mischer vollständig wieder erneuert. Von dort wird die Pfanne (S) nach dem Stahlwerk gebracht. Das Roheisen kann einige Tage, ohne zu erkalten, in dem Mischer bleiben, wenn letzterer durch die Deckel d_1 und d_2 gegen Luftzug geschützt ist.

Welche Veränderung geht mit dem Roheisen vor? Das im Roheisen enthaltene Mangan hat die Eigenschaft, mit Schwefel in Schwefelmangan (MnS) überzugehen und eine grüne Schlacke zu bilden, sobald ihm die nötige Zeit hierzu gewährt wird. Soll diese chemische Reaktion im Mischer eintreten, so muß der Mangangehalt des Roheisens $(1,8 \div 2)\%$ betragen. Zur Aufrechterhaltung eines geregelten Betriebes sind immer zwei Mischer erforderlich. Die gesamte Anlage kostet ungefähr 80 000 Mark.

Die Prüfung des Roheisens geschieht vielfach nach dem Aussehen des frischen Bruches, doch kann dasselbe auch täuschen, weshalb eine chemische Analyse in neuerer Zeit zur Beurteilung desselben vorgezogen wird.

Statistik der Roheisenerzeugung.

Die graphische Darstellung der deutschen Roheisenerzeugung seit dem Jahre 1871 bis 1900 (Fig. 17) zeigt uns, wie die Produktion stetig gestiegen ist. Sie repräsentiert heute einen Wert von 550 Mill. Mark. Es waren im Jahre 1900 ungefähr 274 Hochöfen in

Der Kupolofen und seine Verwendung. 81

Deutschland im Betriebe, welche nach der Statistik aus der Zeitschrift „Stahl und Eisen" 8,5 Mill. Tonnen Roheisen erzeugten. Von diesen sind 1,8 Mill. Tonnen zu Gußeisen umgeschmolzen worden, während das übrige zur Erzeugung des schmiedbaren Eisens diente. In Deutschland betrug der Selbstverbrauch 7,4 Mill. Tonnen, die Einfuhr 827 094 und die Ausfuhr 190 505 Tonnen.

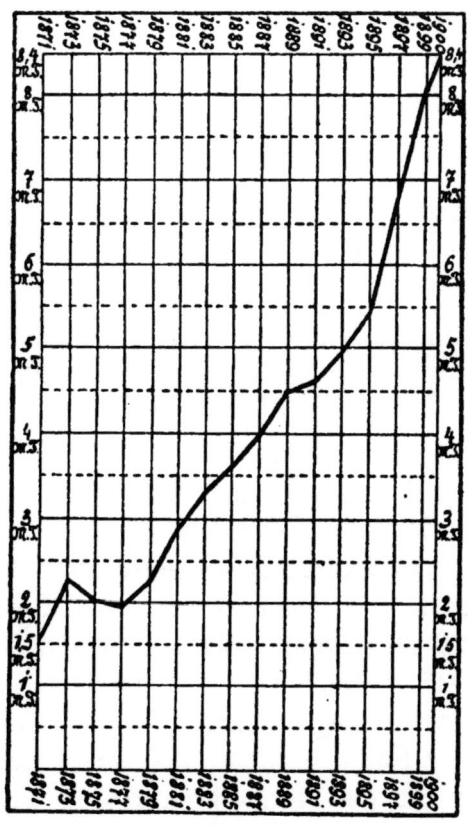

Fig. 17.

Graphische Darstellung der Roheisenerzeugung Deutschlands (einschließlich Luxemburg) in den Jahren 1871—1900.

Der Kupolofen und seine Verwendnng.

Von der Gesamtroheisenerzeugung entfallen auf

Rheinland, Westfalen	Saarbezirk (Lothringen und Luxemburg)	Schlesien, Pommern	Siegerland, Lahnbezirk und Hessen-Nassau	Bayern, Württemberg und Thüringen	Königreich Sachsen
38,8 %	36,2 %	10,1 %	8,8 %	1,7 %	0,3 %

In der nachstehenden Tabelle ist die Produktion vom Jahre 1900 der einzelnen Länder angegeben:

Vereinigte Staaten von Nordamerika	14 009 624 Tonnen
England	9 052 107 ,,
Deutschland	8 520 390 ,,
Rußland	2 925 600 ,,
Frankreich	2 699 494 ,,
Belgien	1 018 507 ,,
Österreich-Ungarn	1 475 000 ,,

Die Gesamtroheisenerzeugung auf der Erde beträgt ungefähr 41 Mill. Tonnen.

Demnach steht Deutschland an dritter Stelle im Wettbewerb mit England und Amerika.

Um die deutsche Ware auf dem Weltmarkte konkurrenzfähig zu erhalten, ist es nötig, den Hüttenwerken einen billigen Bezug der Erze und des Koks zu ermöglichen, zumal bei dem geringen Eisengehalt des in Deutschland (einschließlich Luxemburg) geförderten Erzes ein kostspieliger Transport sich nicht mehr lohnen würde. Die Preise der Rohmaterialien und die Tarife sind ausschlaggebend für die Herstellungskosten des Roheisens. Letztere belasten nämlich

die Kilometertonne des zu befördernden Erzes mit 1,8 ₰ und verlangen

eine Abfertigungsgebühr für die Tonne von 70 ₰.

Hieraus ist zu schließen, daß die Tarife den deutschen Hüttenwerken bedeutende Kosten verursachen und diese hier doppelt empfindlich sind, da die Werke ohnehin durch Arbeiterversicherungen u. s. w. schon sehr in Anspruch genommen werden. Diesem bedenklichen Mißstand und der von Seiten Amerikas drohenden Überflügelung unserer Eisenindustrie auf dem Weltmarkte könnte durch zwei Mittel abgeholfen werden. Das erste ist die längst angestrebte Kanalisierung der Mosel, durch welche die billige Wasserstraße das mächtigste Erzlager Deutschlands mit dem größten Kohlengebiete verbinden würde. Als zweites ist die Einführung großer Wagen mit Selbstentladevorrichtung und einem Ladegewicht von $40 \div 50$ Tonnen zu wünschen. Aus den oben erwähnten Gründen sind manche Betriebe darauf angewiesen, ihren Erzbedarf mit ausländischen Erzen zu decken, obgleich die deutschen Erzlager zu dem Kohlenvorrat im Einklang stehen.

Die reichen Roteisensteinlager in Nordspanien werden in Bälde erschöpft sein, weshalb die deutschen Hüttenwerke in immer größeren Mengen den Magneteisenstein aus Schweden und Norwegen beziehen müssen. Trotzdem sind die deutschen Verhältnisse nicht ungünstig, wenn auch Deutschland nicht die Reichtümer Nordamerikas besitzt. Möge die deutsche Industrie, unterstützt von einer zielbewußten Regierung, die Stellung behalten, welche sie heute schon inne hat.

Die Verarbeitung des Roheisens zu schmiedbarem Eisen, sowie dessen Eigenschaften und Verwendung wird im zweiten Bändchen besprochen.

Register

Abstichöffnung 43, 61, 76.
Anblasen des Hochofens 57.
Anthracit 31.
Aufbereitung 26, 39.
Ausblasen 71.
Ausbringen (Möller) 27.

Backkohlen 29.
Balancier 50.
Basische Steine 78.
„ Schlacke 68.
Betriebsstörungen (im Hochofen) 70.
Bisilicatschlacke 64.
Blackband 20.
Blechmantel 47.
Blendscheiben 62.
Bohnerze 21.
Brauneisenstein 20.

Chamottesteine 44.
Cowperapparate (Bau) 52; (Betrieb) 61.

Dämpfen (des Hochofens) 71.
Dimensionierung (des Hochofens) 43, 50.
Dolomit 26.
Durchbrüche 71.
Düsen 46.

Eisenbänder 47.
Eisenglanz 22.
Eisenmangane (Fig.) 16; (Darstellung) 69.
Entschwefelung (des Roheisens) 17, 25, 79.
Erze 18.
Erzgicht 27.

Erzförderung 28.
Erzsatz 27, 66, 67, 68.

Fettkohlen 29.
Formebene 42.
Flußeisen 7.
Flußspat 26.
Fülltrichter 47.

Gas (bei der Verkokung) 37.
Gare Schlacke 64.
Gebläsemaschinen 55.
Geschlossene Brust 42.
Gestell 42.
Gicht 27, 42.
Gichtaufzug 55.
Gichtgas 65; (Verwendung) 73.
Gichtgasreiniger 48.
Gichtstaub 65.
Gießhalle 54.
Glaskopf 22.
Glocke 40.
Gußeisen (Fig.) 11; (Darstellung) 77.
Graphit 16.

Hausmannit 24, 69.
Hartguß 8.
Hängen (der Gichten) 71.
Härtungskohle 17.
Heißwindleitung 53.
Hochofenanlage 51.
Hochofenaufbau 40, 44.
Hochofenbetrieb 57.
Hochofenkosten 52, 56.
Hochofenmauerung 44.
Hoffmannöfen 32.
Holz 28.
Holzkohle 29.

Holzkohlenroheisen, graues (Fig.) 10;
„ (Darst.) 67;
weißes (Fig.) 13;
„ (Darst.) 68.

Inhalt (der Hochöfen) 51.

Kalkstein 25.
Kaltwindleitung 54.
Karbidkohle 17.
Kieselsäure 17.
Kohlen 28.
Kohleneisenstein 20.
Kohlenförderung 39.
Kohlensack 42.
Kohlenstoff 16.
Kohlenstoffsteine 46.
Koks 31.
Koksgicht 27.
Kokserzeugung 39.
Koksverbrauch (für 1 Tonne Roheisen) 66.
— (weißes Roheisen) 67.
— (Eisenmanganlegierungen) 68, 69.
Koksöfen 32, 33, 34.
Koppee-Öfen 32, 39.
Kupolofen (Aufbau) 74; (Betrieb) 76.
Kühlkasten 50.

Langensche Glocke 48.
Lürmannsche Schlackenform 45.

Magneteisenstein 23, 67.
Magerkohle 29.

Register.

Mangan 17.
Manganit 24, 69.
Masseln 54.
Meteore 18.
Minette 21, 66.
Mischer 78.
Möller 28.

Nebenprodukte 72.

Otto-Hoffmann-Öfen 32; (Betrieb) 34, 39.
Offene Brust 40.

Parrys Gasfang 48.
Phosphor 18.
Portlandcement 73.
Profil (der Hochöfen) 42.
Prüfung (des Roheisens) 80.
Puddelschlacken 25.
Purpurerz (purple ore) 24.
Pyrolusit 23.

Rasenerz 22.
Rast 42, 46.
Rauhgemäuer 40.
Reduktionszone 43, 59.
Roheisen 5.
— graues (Eigenschaften) 8; (Darstellung) 66.
— weißes (Fig.) 11; (Darstellung) 67.
Roheisenerzeugung (der Hochöfen) 52, 63.
— (der Staaten) 82.

Roheisenpfannen 56.
Rohgang 64, 70.
Rootsches Gebläse 76.
Rotbruch 18.
Roteisenstein 22.

Sandkohle 29.
Selbstentladevorrichtung 83.
Silicium 17.
Siliciumspiegel 15.
Silicierungsgrad 64.
Singulosilicatschlacke 64.
Sinterkohle 29.
Schacht 22.
Schachtofen 40, 44.
Schmelzpunkt des Roheisens 6.
— des schmiedbaren Eisens 6.
Schmelzzone 43, 76.
Schlacke 63; (Verwendung) 72.
Schlackencement 72.
Schlackensteine 73.
Schlackenwolle 73.
Schlackenwagen 56.
Schmiedbares Eisen 6.
Schwefel 18.
Schwefelkies 24.
Schweißeisen 7.
Schweißschlacken 25.
Spateisenstein 19, 66, 68.
Sphärosiderit 19.
Spiegeleisen (Fig.) 13; (Darstellung) 68; (umschmelzen) 77.
Steinkohle 29.

Stopfbüchsenanordnung 47.

Temperatur (im Hochofen) 43.
— des Windes 63, 67.
Temperkohle 17.
Teer 37, 38.
Tümpelstein 40.

Versetzungen 61.
Verbrennungsschacht 53.
Verkohlung (des Holzes) 29.
Von Hoffscher Gichtverschluß 49.
Vorwärmezone 43.

Wallstein 40.
Walzensinter 25.
Wandstärke (des Hochofens) 44.
Wasserakkumulator 79.
Wasserverschluß 65.
Wärmeverbrauch (im Hochofen) 60.
Wärmespeicher 32.
Weißeisen (Fig.) 11; (Darstellung) 67.
Wind 55, 63.
Winderhitzer (Bau) 52; (Betrieb) 54; Kosten 54.
Windform 40, 45, 46.
Windleitung 53, 54, 62, 76.

Zuschlag 25.